# 现代服装设计与
# 立体造型技术研究

陈　鹏　朱洪峰　著

U0333816

中国纺织出版社

## 内 容 提 要

本书主要研究了现代服装设计和立体剪裁技术，主要内容包括：服装设计概述、服装流行研究、服装风格设计、服装款式设计、服装材料设计、立体裁剪的工具材料与技术准备、日常服装的立体裁剪。书中内容充实，附有经典图例和案例分析，旨在培养读者全面掌握服装专业相关理论知识和专业技能。本书既可供服装专业的学生使用阅读参考，也可供服装设计从业人员和广大服装爱好者学习和研究。

**图书在版编目（CIP）数据**

现代服装设计与立体造型技术研究／陈鹏，朱洪峰著．—北京：中国纺织出版社，2018.5 （2022.1重印）
ISBN 978 – 7 – 5180 – 3944 – 9

Ⅰ．①现… Ⅱ．①陈… ②朱… Ⅲ．①服装设计 – 研究 ②立体裁剪 – 研究 Ⅳ．①TS941.2 ②TS941.631

中国版本图书馆 CIP 数据核字（2017）第 206280 号

责任编辑：武洋洋　　　　　　　　责任印制：储志伟

中国纺织出版社出版发行
地址：北京市朝阳区百子湾东里 A407 号楼　邮政编码：100124
销售电话：010 – 67004422　传真：010 – 87155801
http：//www. c – textilep. com
E – mail：faxing@ e – textilep. com
中国纺织出版社天猫旗舰店
官方微博 http：//www. weibo. com/2119887771
北京虎彩文化传播有限公司　各地新华书店经销
2018 年 5 月第 1 版　　2022 年 1 月第 7 次印刷
开本：710×1000　1/16　印张：13
字数：232 千字　定价：59.80 元

# 前　言

在我国，服装设计起步较晚，至今大约有30年的时间。服装设计作为艺术设计学科的重要组成部分，是美术与技术、美学与科学的结合。而且涉及的领域十分广泛，包括文学、历史、哲学、心理学、生理学、社会科学等等。人们往往通过服装的独特视觉语言与造型形式来传达美好的情感。

在服装设计领域，许多国内外学者做了深入研究，并发表了大量研究成果，但这并不意味着再无研究的空间。为了在一定程度上推动现代服装设计的发展，填补服装设计与立体造型技术方面的空白，作者撰写了本书。

本书共分七章，第一章主要围绕服装设计进行大致阐述，包括产服装设计的内涵、产业背景、原理、基本手法、审美特征等内容；第二章对服装流行进行了具体探讨，内容包括服装流行概述，20世纪服装流行趋势回顾，服装流行趋势的预测与传播体系研究，时装流行趋势主题的确定与表达及其案例分析等；第三章侧重阐述了服装风格设计，内容包括历史风格设计、民族风格设计、浪漫风格设计、优雅风格设计、运动便装风格、后现代思潮风格设计等等；第四章主要围绕服装款式设计进行具体阐述，内容包括服装款式构成的要素、局部设计实例与解析、总形变化原理与实例解析以及服装款式设计综合实例解析；第五章探讨服装材料设计，内容包括服装设计材料基础，服装面料的基础设计、应用设计以及服装面料与配饰的搭配设计；第六章重点讨论了立体造型的工具材料与技术准备，包括立体造型的常用工具、针插的制作、手臂模型的缝制、人台模型的制作以及大头针的固定别合；第七章深入探讨日常服装的立体造型，内容包括裙装、裤装、女装上衣、大衣、风衣的立体造型。

本书从基本概念出发建立基本理论体系，同时结合一些最新的设计实例，以激发读者的阅读兴趣，增强读者对现代服装设计与立体造型技术的全面认识和理解。

本书是在参考大量文献的基础上，结合作者多年的教学与研究经验撰写而成的。在本书的撰写过程中，作者得到了许多专家学者的帮助，在这里表示真诚的感谢。另外，由于作者的水平有限，书中难免会出现疏漏与不足，恳请广大读者给予批评与指正。

作 者

2018 年 1 月

# 目　录

# 第一章　服装设计概述

众所周知，人类生活最重要的组成部分是"衣、食、住、行"。随着经济的快速发展和生活水平的提高，我们对服装的款式、面料、色彩有了更高的要求。

本章我们讲述的是服装设计，由于文章篇幅有限，我们将主要从服装设计的内涵和产业背景、服装设计研究的基本内容、服装设计的原理和基本手法以及服装设计审美特征这四个方面进行具体阐述。

## 第一节　服装设计的内涵和产业背景

本节主要讲述的是服装设计的内涵和产业背景，为了让大家更好地了解，我们将从服装设计的内涵和服装设计的产业背景作详细介绍。

### 一、服装设计的内涵

众所周知，在一定的文化、科技、社会环境中，以人们的物质需求和审美需求为基础，运用特定的思维形式、审美原理和设计方法，先以绘画为手段，将设计构想准确、清晰地表现出来，再选择相应的素材通过科学的缝制工艺和剪裁方法，让其设计成为完美地实物就是服装设计。这样的一个整体的系统工业化运作程序，体现着设计师和企业的综合素质和整体水准。另外，服装设计是为各种不同的人进行包装设计，人的外在生理因素和内在心理因素直接制约着服装的造型特征是服装设计与其他艺术学科不同之处。服装设计是艺术与科技、物质与文化的综合体现，既是从物质到精神的升华，又是从精神到物质的转化。服装设计师既要有艺术设计的综合素质和实力，又要有较强的科技意识、市场观念、决策能力和应变能力。因为以企业的视角来看，生产的第一个环节是服装设计，同时，它又是贯穿于服装生产过程的最重要的环节，随着现代企业的发展，服装设计已成为企业的灵魂。

事实上，服装设计中各种造型要素之间的关系是相互衔接、相互制约的。用不同的材料和色彩来体现不同的款式，用不同的剪裁方法来实现不同的造型，用不同的缝制工艺来完成不同的剪裁方法。它们之间缺一不可、环环相扣。同时，服装设计更重要的是对人的整个着装状态的设计，而不仅仅是对以上各种要素的设计。对于不同的国家、不同的身份、不同的年龄、不同的性格的人，服装整体造型和局部结构的处理，都是有所侧重和区别的。除此之外，服装与服饰配件（首饰、围巾、腰带、包、手套、鞋袜等）之间的相互搭配及服装与材料之间的相互协调关系都属于整体的服装造型。另外，服装是处在相应的环境之中的，在设计的过程中，应考虑到服装与环境之间在造型和色彩上的相依共融的协调统一关系。因为服装是体现人在着装后所形成的一种状态

在服装造型的三大要素中，首先要考虑的是款式。款式设计是服装造型的基础，起到主体构架的作用。体现款式结构的基本素材是面料，不同的款式需要运用不同的材料。创造服装的整体视觉效果的主要因素是色彩。从人们对物体的感觉程度来看，最先进入视觉感觉和传达系统的是色彩。另外，常常以不同的配置和不同的程度影响着人们的情绪和情感也是色彩。因此，创造服装的审美感受和整体艺术气氛的重要因素是色彩。以上这三种要素在服装设计和服装造型过程中，是一种相互制约又相互依存的关系。而且，有时候对于三种要素把握的程度和强化的角度也是有所区别的。比如，在不同类型和不同风格的服装设计中。

我们一般将服装设计分为两大类，即高级时装（以创意性为主导的服装）和设计成衣（以实用性为主导的服装）设计。

高级时装设计不同于成衣设计。成衣的对象是某一个阶层的人，而高级时装的设计其对象往往是某一个具体的人，由于对象的不同，其设计方法和要求也不尽相同，是高级时装设计与成衣设计的不同之处。在高级时装设计之前，需要对设计对象的各个方面的情况和影响服装造型的因素有较为全面的了解，诸如家庭环境、社会阅历、文化素质、社会地位、审美情趣、职业特点、体形特征、性格嗜好、经济收入等，以便在设计中满足设计对象的个性需求。例如：为某文艺团体的一位出国人员设计出访服，首先要熟悉对象的工作性质（行政人员或者专业人员）、身份（以什么样的身份出国）、性格（外向型或者内向型）、爱好（对服装款式或色彩的欣赏习惯）、体形（高、矮、胖、瘦）等，了解被访国家的地理位置、气候特征、自然气候、民族文化以及风俗习惯等。同时，还应熟悉所要访问的具体地方的性质及着装环境。然后根据这些特定的因素来考虑服装的面料性能、色彩配置、款式结构以及服饰配件等。另外，既能显示出东方人特有的仪表风度和内在气质，又体现出出访服的特殊功能以及在特定的环境

中所产生的协调美感是服装的整体造型风格的要求。

众所周知，市场上出售的适合某一个社会消费层的生活用装或专门为某些机构和团体设计的服装是成衣设计。成衣设计服用对象常常是某一个阶层的一部分人，这就需要从性别、职业、地区、年龄等方面入手，把不同的消费层划分出来，在把握国际流行趋势的基础上，深入地进行市场调研，把消费者的专用特性、审美心理以及对于服装的款式、色彩、面料的实际要求详细了解，并且从消费者的多种需求中找出相对统一的、带有共性的要素，以此作为设计的重要依据。同时，注重其服用功能的合理性和科学性。值得注意的是，随着市场的细分化和生活方式的多样化，成衣的批量越来越小，适应性也越来越强。另外，在消费者的体形特征上，首先要以国家统一的标准号型来选择相应的体形规格，同时，应善于在此基础上根据本地区消费层的体形规格特征加以适度调整。在设计中还应考虑到实施设计的工艺流程的规范性和可操作性，以求在批量生产中把成本降低，节约人力物力，把经济效益提高。

此外，在具体的服装制作过程中，要善于通过有创造性的工艺处理手段来强化设计的艺术效果。例如，合理搭配的材料、科学的板型、工艺的处理技巧以及装饰的艺术手段等。实践证明，要想充分体现服装设计的完美性，只有将其各种造型因素科学的、有序的、有机地结合起来。从这个角度来看，在高级时装的设计中，设计师有较为自由地展示才华的空间。因此，设计师自身的艺术品位、综合素质、艺术体验以及巧妙地利用和把握各种造型要素的能力是设计成功与否的关键。

## 二、服装设计的产业背景

随着全球经济一体化的逐步形成，欧美国家的服装加工业规模均呈现萎缩趋势。然而在这样的表象之下，却有着产业进化和升级的事实——他们让出了加工这一利润微薄的工业流程，而把资金转投于品牌和创新。正是这个转型，使他们实现的利润约是加工利润的5.7倍。

随着我国经济的发展，我国的服装业已形成巨大规模，不仅创造财富，也吸纳了大量的从业者。从宏观角度来说，外贸市场主营业务仍然是加工外单、赚取微薄的加工费；在国内市场上，企业规模、资本实力、加工水平和营销手段是绝大多数企业的核心竞争力。从而导致了国内服装品牌的产品附加值低、利润空间小，无法与进口高端品牌竞争。

然而随着我国整体实力的稳步提升，国内服装市场开始呈现出越来越活跃的态势，国内品牌提升渐见成效。我国的服装企业竞争已经开始向更深层次、更高利润的竞争转变。而提高产品附加值、创造更高利润的有效手段是优秀的服装设计。也许可以这样说，直到今天，中国的服装设计环境才开始渐入佳境，设计才慢慢突显出它应有的价值。

如今这样的大环境对所有立志做一名服装设计师的人来说，是一件幸运的事。这样的大环境将为设计师提供越来越多施展拳脚的空间和机会，也对设计师的素质提出了更高的要求。只有具备了较高的文化、美学修养和良好的专业技能的设计师，才能经得起大浪淘沙的考验。要想进入新一轮的行业竞争，成为带领企业拼杀高端市场的先锋角色，从而实现服装设计师的价值，只有胜出这场竞争。

# 第二节　服装设计学研究的基本内容

本节主要讲述的是服装设计学研究的基本内容，但由于文章篇幅有限，我们将主要从"服装穿着者—人""时尚流行现象与流行趋势""服装设计的基本方法和基本规律""服装款式设计、结构设计和工艺设计之间的关系"这四个方面来具体阐述。

## 一、服装穿着者——人

人类对服装的创造伴随着自身不断的演进、人类社会的不断进步和人类需求层次的不断提高而逐步发展。由此，人类赋予了服装一系列功能。例如，防寒、护体、美化、情感表达等。作为服装设计师，不但要善于把握穿着者表面显现出来的需求，还要善于挖掘人们内心深处的潜在需求，甚至引导需求、创造需求。

人类实现需求的重要媒介、表达方式和创造活动是服装设计。它的规律、方法和审美原则也是以"人"为基本尺度总结提取出来的。因此，研究服装设计先要研究穿着者——人，其中包括人的生活方式和行为特征、人的着装心理和需求、人的审美观与价值砚、人的个性特征和形体外貌特征等。但是这一切与人类生存的自然环境和社会环境有着密切关联，而不是孤立存在的，也不是一成不变的，会随着自然与社会环境改变而演化。

## 二、时尚流行现象与流行趋势

时装设计师是生活在超前时代的人，他们所创造的是未来的服饰风貌。按照时尚流行规律来看，应季上市的服装进行流行趋势的预测研究要提前两年以上的时间，推出流行面料需提前一年，还需提前半年发布时装。这就要求服装设计师独具慧眼，能够洞察、感悟存在于生活环境之中模糊不清但又暗流涌动的流行信息，把握未来流行的脉搏。这双"慧眼"除了天生的敏锐之外，更需要后天学习训练所得。通过学习时尚流行理论，掌握流行规律，进行市场调研，主动观察、解析时尚流行现象，收集、研究流行趋势，多思考、多实践，敏锐的目光是可以训练出来的。除此之外，服装设计师，尤其是成衣设计师，还必须具备将时尚资讯转化为品牌成衣设计的本领，表达时尚流行，通过服装设计的特殊语言征服消费者。

　　研究时尚流行现象与流行趋势还要对服装发展历史脉络有较为深入的了解，这是研究流行趋势的基础，而不仅仅是对当下，对近年来流行趋势的把握。这能够帮助我们深刻理解并认识当今的流行与历史的渊源；我们还要对时尚发展趋势做出合理的判断和预测，通过服装发展的轨迹中探寻流行的规律。

## 三、服装设计的基本方法和基本规律

　　通过人类长期在设计实践中体会、挖掘，总结出了服装设计的基本方法和基本规律，具有普遍适用的意义，运用这些方法和规律可以帮助设计师创造出符合人们普遍审美心理和爱好的经典作品。因此，它们是设计师必须掌握的基本功。早在古希腊时期，由毕达哥拉斯为代表的学者们就对美的造型比例进行了深入的探讨，其研究出来的"黄金分割比例"被认为是能够被绝大多数人都认可的最完美的比例。之后的实验，美学家们不断地从健康、完美的人体比例中找到了实证的依据。长期以来，"黄金分割比例"被人们尊崇为设计美学的法典之一，被广泛地运用在各种类型的设计之中，当然也包括服装设计。服装设计的基本方法和基本规律具有与"黄金分割比例"相同经典的特征，已成为服装设计教育中不可或缺的基本内容。

　　人类在探索、遵循美的设计规律的同时，也伴随着对经典和传统的突破。纵观服装发展的历史也充分说明了这一点。整个20世纪的服装服饰的发展充满了对传统服饰的离经叛道：初期的波瓦列特时期以及二三十年代对欧洲传统服饰古板造型、矫揉造作风格和繁缛装饰的反叛，而以清新、简洁和年轻化风格成为新的时尚；60年代，以"迷你裙""比基尼""嬉皮士服饰"为代表的现代青年服饰与传统着装观念彻底决裂；80年代初由日本服装设计师群体推出的"反时尚"潮流，突破了西方传统服饰的经典造型；当今"BF风格""猫跟鞋"等的流行现象也是很难用服装设计的基本方法和基本规律来解释的。总之，对服装设计基本方法和基本规律的应用也必须是灵活的，不能机械化、程式化和禁锢化。因为，每个时代（时期）都伴随着对传统服饰的突破和延续。

## 四、服装款式设计、结构设计和工艺设计之间的关系

服装的款式设计、结构设计和工艺设计是服装设计的主要内容，是一个设计、制作、完成后的成衣概念，而不是纸面上设计的概念。这三者之间缺一不可、相辅相成、密不可分，而且彼此作用、互为相长。所以说，款式设计是整体服装设计的依据，位于前端；结构设计和工艺设计是实现款式设计的基础。也就是说，是否能达到设计预期的效果，结构设计和缝制工艺是关键。

在进行款式设计的同时，设计师的心中要对结构与工艺设计有所考量，这种考量有时表现为有意识的和主动的，有时则表现为无意识的和自然而然的。无论是有意识还是无意识的，都要求服装设计师具备平面裁剪、立体造型以及制作工艺的基础知识与技能，否则设计出来的东西往往无法实现或达不到理想的效果。从这个角度上来看，结构与工艺设计对款式设计有着制约性，在一定程度上束缚了设计师的手脚。但换个角度看，熟练掌握服装结构与工艺则能有效地降低这种制约性，甚至可以转化为设计师创新设计的能动性，调动设计师对协调款式、结构和制作工艺三者之间关系的创新，使其达到相互支持的最佳状态，从而获得理想的设计效果。此外，服装款式设计的基础是服装结构设计与制作工艺，但能反过来对结构与工艺的创新突破起到关键的推动作用的是款式设计。

# 第三节　服装设计原理和基本手法

在前面我们了解了服装设计学研究的基本内容，为了让大家对服装设计有更多的了解，本节我们将主要讲述服装设计原理和基本手法。为了使大家能够在以后的工作中更好地应用这些知识，我们还需要了解一体化服装设计在教学中的应用以及企业里的新型服装加工交易订单模式，因此这一内容也将在本章讲述。

## 一、服装设计原理

服装设计原理主要包括：结构原理、造型原理、形式美原理这三个方面，下面我们将具体论述。

## （一）结构原理

结构原理的内容主要从定义、结构设计分类、结构设计的原则以及服装结构设计的应用这四个方面来阐述。

### 1. 定义

在服装设计中，"结构"通常指服装的轮廓及其形态与部件的组合。将服装款式设计的立体构思用数字计算或实验手段分解展开，成为平面的各种衣片结构是服装结构设计。正确的结构设计可以将款式设计的意图充分表达。裁剪样板是将衣片的平面图折边或放出缝份。

### 2. 结构设计分类

立体造型和平面裁剪是现代服装结构设计的基本方法。一般情况下，立体造型则是直接用面料在人体模型上进行衣片结构的处理，做出服装造型变化，塑造立体形态便于做一些创意或结构复杂的服装。而平面裁剪有助于初学者认识服装裁剪法与人体之间的关系，为服装结构设计打好基础。

在实际运用中，成衣生产的基本样板制订都是通过平面裁剪制成的，但必须在通过立体试衣调整之后才能进行正式大批量投产。另外，立体造型虽然在操作的过程中都是从结构与形式出发的，但是从人台上取下用别针固定的服装，组织和调整服装比例关系还是需要用到平面裁剪的知识。由此可见，平面造型和立体造型是如影随形的，为了使服装造型呈现出理想的效果，设计师可以结合两者进行调整，以达到自己的设计目的。

### 3. 结构设计的原则

服装结构设计的原则包括以下几个方面。

（1）设计师的意图完美呈现。

（2）注重局部细节结构设计。

（3）抓住体型特点来展现人体美感。

（4）考虑用何种结构设计来表现服装的风格特征、服装的整体轮廓与细节的分割、各部位的比例关系等。

服装结构设计始终是围绕着人的美化和确立大众认可的社会形象而展开的一项工作。服装结构设计师更多地要考虑其在人体穿上后的美感，而不单单考虑服装在模型上的美感。因为，人体千差万别，就算先天条件再完美的人，也希望借助服装让自己出众。服装结构设计师要学会运用更多造型来辅助、衬托、支撑人体美，不可颠倒主次，画蛇添足。

### 4. 服装结构设计的应用

服装造型的关键要素之一是服装结构设计。因为服装结构设计的优劣，直接影响服装质量的高低。服装结构设计既是工艺设计的准备和基础，又是款式造型设计的延伸和发展。

服装结构设计在整体服装制作中起到了承上启下的作用。服装设计师若对服装结构设计十分精通，在设计服装时通过对结构的巧妙处理，独到地表达出自己的设计效果，会更加得心应手。这是因为：

（1）多结构设计为缝制加工提供了成套的规格齐全的合理的系列样板，为部件的吻合和各层材料形态配备提供了必要的参考，有利于高产优质地制作出能充分体现设计风格的服装成品。

（2）将造型设计所确定的立体形态的轮廓造型和细部造型分解成衣片，揭示出服装的细部形状、数量的吻合关系，整体与细部的组合关系，修正造型设计图中的不可分解部分，把费工费料的不合理结构关系改正，从而使服装造型、工艺趋于合理而完美。

### （二）造型原理

服装设计是由造型、色彩、材料及工艺几大要素构成的，各要素之间有着千丝万缕的联系。而服装造型是服装设计中最显著的外观特征。

服装造型是指在形状上的结构关系和穿着上的存在方式（图1-3-1），可以理解为服装款式的表现包括外部造型和内部造型特征，也称为整体造型和局部造型。点、线、面是一切造型的基本要素，在服装造型艺术范畴内，它的造型基础是人体，强调它二维或三维空间的形状（图1-3-2）。由于人体是一个有生命的多维活动体，服装造型便受到一定的限制。另外，服装是借助于面料载体，依附于人体，其造型必须由平面的材料转换成立体的形态，对服装材料的选择运用及工艺手段有更高的要求。服装造

图1-3-1　以X型为特征的服装　　图1-3-2　点线面的构成设计

型过程中由二维平面向多维立体形态转化的这一过程，形成了与文学、绘画等其他艺术的差异。但这并不是说服装造型和人体只是简单的对应关系。它还必须遵循人体运动规律而存在。

### （三）形式美原理

形式美原理主要包括：比例、平衡、主次与强调、对比与调和、节奏与韵律、视错和夸张。

**1. 比例**

比例是体现整体与局部、局部与局部、部分与整体间的数量比值。当这种比值关系达到平衡状态时，即产生美的视觉感受。在服装设计中，我们要力求使服装、配件、色彩与人体的比例关系达到平衡，通过合理的造型设计、科学的剪裁与缝制工艺、合理巧妙的色彩、配饰（图1-3-3）。

图1-3-3　服装上下、内外的设计比例关系

**2. 平衡**

在服装造型上，平衡是指以均等的量布置的某一单元的状态，有"对称式平衡"和"非对称式平衡"两种形式。

造型艺术中最基本的形式是对称。从构成的角度来说，对称是图形或物体的对称轴相反的双方在面积、大小和位置在保持相等的状态下的一一对应。对称的形式是服装造型中最基本、最常用的一种形式法则。因为，其符合人体的左右对称结构。对称具有严肃、大方、稳定及理性的视觉特征，多用于一些端庄、安定和正式风格的服装中。造型设计中最简单的平衡形式是对称，朴素单纯、平稳严肃、大方理性是运用极为广泛的形式法则。对称形式主要有局部对称、左右（中心）对称（图1-3-4）和回旋对称三种。

不对称式平衡不同于对称平衡，这种平衡关系的原则是不失重心，追求静中有动，以表达出完美的艺术效果。它在形状、数量、空间等要素上没有等量的关系，但其以变换位置、调整空间和改变面积等取得整体视觉上量感的平衡。它丰富多变，打破对衡的严肃、呆板，追求活泼、轻松的形式美感，在不对称中寻求相互补充的微妙变化而形成一种稳定感和平衡感，应用于现代服装设计中（图1-3-5）。

图1-3-4　左右对称的现代服装设计　　　　图1-3-5　均衡原理的服装设计

3. 主次与强调

事物各元素之间的层级关系是主次；事物整体中最醒目的部分是强调，它的强大优势是吸引人的视觉。它可以强化主次关系通过对应元素的强调。在服装造型设计中，必须有着重表现的重点与相互呼应的要素，形成一种秩序关系，主次分明才能更生动、引人注目。款式、面料、色彩及工艺等多方面都可成为设计表现的重点、主体，并对其加以强调。但要注意的是，服装造型的强调最终不能因为故意强调而影响到服装的整体造型和效果。而是突出设计主题，起到画龙点睛的作用。

4. 对比与调和

将两种不同的事物对置时形成的一种直观效果对比。在服装造型设计中通过色彩、款式和面料的对比关系，可以突出强调其设计的审美特征，使服装主次分明、形象生动。但是过分的对比，会产生刺眼杂乱的感觉。而对造型中各种对比因素所做的协调处理是调和，使其互相接近或逐步过渡，以给人协调、柔和之美。在服装设计中，对比与调和是相辅相成的，调和则使造型秩序统一、亲切柔和，而对比使服装造型生动而个性鲜明（图1-3-6）。

图 1 - 3 - 6　对比与调和

5. 节奏与韵律

节奏是一切事物内在最基本的运动形式。在造型艺术中，节奏、韵律指造型要素点、线、面、体的形与色有一定的间隔、方向，并张弛有度地按照规律排列，使视觉在连续反复的运动过程中感受一种宛如音乐般美妙的旋律，形成视觉上的韵律感并引起注目的因素。这种重复变化的形式分为有规律的重复、无规律的重复和等级性的重复，三种韵律给人的视觉感受各不相同（图 1 - 3 - 7）。

直线和曲线的有规律的变化，褶皱的重复出现，纽扣配饰点缀的聚散关联，色彩强弱、明暗的层次和反复。这些都会使服装产生一定的节奏感和韵律感，使服装审美效果强化突出。

图 1 - 3 - 7　节奏与韵律

6. 视错

视错是由于光的折射及物体的反射关系或人的视角、距离不同以及人的感官能力差异等原因会造成视觉的错误判断。在服装设计中，利用视错来进行结构的线条处理、面的大小对比、不同材质的拼接等工艺处理，不仅可以弥补、调整形体缺陷，突出人体优点，还可以让我们的设计充满情趣，富有创意。在设计上通常认为竖线能将人的视线纵向拉长，而横线能将人的视线横向延伸，因此运用于男性服装造型中的肩部、胸部等，使其产生宽阔、健壮的感觉。而运用于女性礼服或连衣裙中，使穿着者产生挺拔、修长的感觉。

7. 夸张

在创作过程中，运用丰富的想象，根据主题的需要，对生活中的诸多表象进行分解、重组，扩大事物的特征，利用创新思维将实际事物变成理想的新的艺术形象是夸张。夸张是艺术创作的一种表现手法。在服装设计中，借助夸张手法，可获得服装造型的某些特殊的感觉和情趣。一般来讲，服装造型的夸张部位多在肩部、领子、袖子、下摆及一些装饰配件上。夸张的运用应注重艺术的分寸感，做到恰到好处。

## 二、服装设计基本手法

服装设计基本手法包括：素材构思法、主题构思法、同形异构法、以点带面法等，下面将逐一阐述。

### （一）素材构思法

以某一时期的服饰文化或某一民族、民间的服饰文化为基本素材，借鉴和吸收其中的某些因素，如装饰图形、色彩等。设计师构思创作的源泉和设计师获得设计灵感和启迪的必要手段是与现代设计观念和服装造型相结合，进行综合性的设计构思。服装素材可以分为两种类型，第一种类型是有形的素材（如自然界的花草等），人造的物体（如场景等），社会文化生活的某个领域、某个现象、某个方面（如科技等）；第二种类型为无形的素材，如电影等。

### （二）主题构思法

主题构思法通常需要先确定一个主题，然后在此基础上进行构思。主题可以是一首歌、一部电影等。选择具体的设计主题，比如动物、花卉等，抓住它们打动自己的点或特征。再根据这些感觉来构思服装的造型和元素设计，然后进行联想，达到这个作品的效果和主题的氛围需要用到什么材质、颜色和款式。体现主题的整体感觉可通过服装具体的造型和设计元素。

### （三）同形异构法

同形异构法是将同一种服装廓型，进行多种的内部线条分割，这种方法有人俗称为服装结构中的"篮球、排球、足球"式（球的外形都是球体，但是有着不同的内部线条分割）处理。把握服装款式的结构特征，线条处理合理有序，使之与服装的外轮廓协调是使用同形异构法所要注意的。

### （四）以点带面法

从服装的某一个点着手，从而把握服装的整体造型。例如，先从一个自己觉得理想的领子等入手，逐渐地设计出服装的其他部位，使服装的整体都顺应着最初的入手点。

## 三、一体化服装设计在教学中的应用

在我们了解了服装设计原理和服装设计的基本手法之后，为了让大家更好地理解并能够在实际操作中更好地应用，下面我们将讲述一体化服装设计在教学中的应用，主要包括：一体化服装设计的教学内容与特点、一体化服装设计师资队伍建设、一体化服装设计教学仿真实验室建设、一体化服装设计课程设置这几个方面的内容。

### （一）一体化服装设计的教学内容与特点

1. 一体化服装设计的教学内容

服装外观设计、服装结构设计、服装工艺设计三大模块是一体化服装设计的教学内容，涵盖了服装产品开发与生产设计的各关键环节，并将各相关学科的理论与技能知识通过整合连接起来。通过此教学模式，能将不同学科的专业知识和技能更有效地教授给不同发展方向的学生，达到各学科间课程紧密有序的衔接，使学生树立专业自信，培养在不同知识结构、不同能力特点下的团队分工合作意识，同时建立对专业整体性的概念。

2. 一体化服装设计的教学特点

一体化服装设计的教学特点主要包括直观性、灵活性与贯通性、时效性和团队协作性。

（1）直观性。一体化服装设计教学把技能训练和理论教学相互融合，并整合到企业仿真教学案例中。学生通过企业应用岗位角色扮演的形式在一体化仿真训练实验室进行真实的现场感知，在现场操作过程中训练专业操作技能、学习专业知识、理解专业理论知识，从而可以直观地把服装企业产品开发与生产的实际应用技术掌握，使学生在企业应用技能方面的经验增强。

（2）灵活性与贯通性。一体化服装设计教学应形成连贯的专业知识学习和基本操作技能训练模块的学习过程，通过把多门相关理论、实践课程的相关内容有机地结合，学生可灵活选择模块进行学习根据自身发展特点，并使学生的专业技能操作和知识学习的掌握互相配合、相辅相成，培养专业应用上的一专多能，形成系统的、实用的、连贯的、全面的综合技能体系。

（3）时效性。一体化服装设计教学内容与教学过程是以企业现实的应用技术和运作过程为蓝本的，与企业应用技术无缝连接，并根据企业的发展做出相应的调整。在此模式下的学习，能使学生的专业技能按企业需求随时得到更新，减少了学生在企业的适应期和磨合期。

（4）团队协作性。一体化服装设计教学任务是以一个总体的教学案例为纽带，并将其分解成若干小模块，由多名学生组成一个团队，通过分工合作共同完成的。每个学生在团队内分配有独立的任务，但任务之间具有关联性，使学生在此模式下的学习既可培养自己独立的创新能力与系统的思考能力，又可锻炼与团队成员之间的沟通与交流能力，并且通过协作学习，可以增强团队成员之间知识结构的互补性。

## （二）一体化服装设计师资队伍建设

一支完整的优秀的一体化服装设计师资队伍的建设是一个系统工程，不是一蹴而就的。最重要的是要在教学实践中不断地去发现问题、解决问题，不断地去更新与提高教师自身的专业知识和技能水平，根据企业应用技术的发展，把教师的知识结构调整，把整个师资队伍对一体化服装设计教学的适用性不断完善，实现专业教学改革，把专业教学质量提高的目的。

一名合格的一体化教学专业教师应达到较高的要求，例如，全面的专业基础知识和扎实的专业理论功底、数字与媒体信息技术充分利用、实践教学的能力、较高的文化修养、多项专业应用技能娴熟的动手操作能力、将专业技能与教学技能整合成实施专业素质教育的能力等。

我们可以通过一些途径建设一支素质优良、结构合理的师资队伍，造就一批基础理论扎实、实践教学能力突出、并具有较高协作性的专业教学团队。例如，定期邀请专业知识精深、专业技术精湛的专家来校讲学，与专业教师进行交流沟通，以此来拓展教师的专业知识面；外派骨干教师到国外一流服装院校进修，学习国外的先进教学理念与实践经验；与相关企业建立合作关系，鼓励专业教师到企业兼职，参与产品开发与生产技术改造，以便教师的应用技能得到及时更新，并可加大与企业的融合度，增强与企业的产学研的结合能力等。

**（三）一体化服装设计教学仿真实验室建设**

一体化服装设计教学的主要目标是面向企业、市场根据其所需，强化专业实践教学功能，为社会培养应用技术及经营型实用人才。而实现目标的必备条件是具备完整的、企业仿真的实践场地、实践设备与教学设施。所以建立起"准企业实践模式"的仿真实验室，突出一体化服装设计教学与企业"无缝链接"的特点，整合企业产品开发、生产的关键技术，按企业产品开发、生产等流程来操作，集模拟企业实践、基础理论学习、应用技能训练为一体，为学生提供一个在虚拟的企业环境下进行生产各个关键环节应用技术实践和服装产品开发的仿真平台，是一体化服装设计教学的必要手段。仿真实验室的建设在教学的模块主要包括数字化服装设计仿真工作室、服装数字化真板房、单元式仿生车间。

1. 数字化服装设计仿真工作室

实现学生在企业产品设计的仿真环境中，结合设计理论与企业操作模式，进行数字化服装设计技能操作训练的教学目标是根据服装企业现代数字技术应用特点，通过模拟企业设计部的功能和格局来实现的。工作室的教学与实验硬件设施主要包括：多媒体教学设备、多功能的服装设计计算机工作站；服装展示空间。同时，按教学与实验的需要，工作室的计算机内应配置好专业软件。例如，数据管理软件、服装平面设计软件、款式设计软件、结构设计软件、工艺设计软件等，以作为数字化教学与技能训练的工具。

2. 服装数字化仿真板房

实现学生在企业产品样板开发的仿真环境中，结合服装结构与工艺基本理论以及企业产品样板实现操作模式，利用实验设备进行服装产品纸样制作、放码、裁剪、样衣缝制等技能训练的教学目标是通过配合数字化服装设计仿真工作室，模拟服装企业技术部的功能与格局来实现的。仿真板房教学与实验的设施主要包括：服装 CAD/CAM 工作站（单件自动裁床、计算机、数字化仪、纸样输出设备等），与服装设计仿真工作室建立网络链接，形成一个数字技术应用的整体空间；样衣缝制工作站（工业用平缝机、抽风式烫台、锁边机、套接机、绷缝机、平头扣眼机、蒸汽熨斗等），工作站的缝制设备可根据样衣制作需要进行搭配；其他辅助设备（立体造型人台、裁片堆放台、试衣人台等），可根据板房实际需要添置。

3. 单元式生产仿真车间

模拟服装企业多品种、少批量的单元式生产格局，实现学生在企业生产的仿真环境下，结合服装工艺与产品生产基本理论以及企业单元式生产的流程，利用实验设备进行的服装生产技能训练的教学目标。其教学与实验的设施可根据生产产品类型来配置，主要包括：缝制设备（平缝机、锁边机、套结机、绷缝机、链缝机、锁眼机等），其中设备数量与类型可根据实验需要来搭配；整烫设备（蒸汽熨斗、抽风式整烫台等），可根据熨烫功能选择熨斗型号；照明设备；搬运设备（裁片运输台、部件放置框等）；物品堆放台。

建设企业仿真的专业实验室，改变普通的教学与技能训练环境和模式，具备这些优点：为学生营造仿真的企业实战环境与气氛，实现了理论与实践的同步，使学生在校内就充分了解企业对产品开发与生产的要求，掌握企业产品开发与生产的实际应用技能，增强岗位适应能力，并能在最短的时间内适应企业技术岗位工作要求。

**（四）一体化服装设计课程设置**

"优""实""新"是一体化服装设计课程设置的要求。优化课程设置，淡化各相关课程体系的独立性，让专业基础理论与应用技能相互交融，形成适应并服务于复合应用型人才培养的课程设置模式是"优"。课程设置要在"实用"上下工夫，突出理论的应用和技术开发，加强宽而新的课程，为学生知识结构的横向和纵向发展起到接口作用是"实"。课程设置要根据市场经济的需求变化，使课程把新知识、新方法、新技术、新工艺及时反映。在理论与实践的结合上下功夫，大力开发适应性课程，为培养学生的创新精神、竞争能力和应变能力服务是"新"。

职业岗位体现现代服装技术在企业的应用，根据一体化服装设计教学的特点，其课程的设置可以参考服装企业产品开发与生产岗位的要求，建立起系统的职业岗位群，构建一个职业岗位技能课程结构体系，其基本思路是：对一体化服装设计教学所涉及的专业基础理论、专业技能进行分解，形成三大技能模块，整合成一门协作性专题设计综合课程，以综合技能训练为重点，其理论课程与技能课程的课时配比可设置为3：7；以"外形设计—结构设计—样衣缝制—工艺设计"为课程的结构主线，安排与构建其他教学环节，沿着这一主线继续延伸，来配置其他课程；设置的课程应与建立的各职业岗位对应起来，以对应岗位的知识结构与能力要求来设计课程的内容，并且其内容应体现出企业应用的时效性与前瞻性。

一体化服装设计教学的各课程应采用协作式教学方法。对整个教学班，根据教学主题和组成的学习与训练团队的情况，可安排多名不同专业特点的教师同时进行多课程的合作教学，每个教师承担起邻近课程理论讲授与技能示范的教学任务，解决好学生在一体化教学模式中碰到的不同学科的知识难点。团队内的学生可根据不同的发展方向以及职业岗位目标来选择对应的课程进行学习，形成一种弹性化、个性化、市场化的专业学习模式。因为，一体化服装设计教学的各课程不是独立的，而是系统的、相互关联的，

一体化服装设计的教学过程是不断更新的，其教学模式需要不断在经验上来探求发展，在实践中摸索、总结和完善。相信在不久的将来，能够形成一种科学的、高效的、系统的服装专业一体化教学模式，培养出更多具备较强技术能力的高素质专业应用型人才，满足高速发展的服装行业对专业人才的需求。

## 四、基于云平台的新型服装加工订单交易模式

在我们了解了服装设计原理和手法以及一体化服装设计在教学中的应用后，为了使大家能够更好地理解并在以后的工作中能够更好地应用它们，我们需要了解企业的服装加工订单交易模式，下面我们将从云平台服装加工订单交易基本模式、精准匹配模式、交易风险控制、服装加工订单交易平台的建设内容与关键技术这四个方面对基于云平台的新型服装加工订单交易模式进行分析与讨论。

### （一）云平台服装加工订单交易基本模式

该模式的订单交易主要是通过线下交易，线上获取信息的形式。如图 1-3-8 所示，首先订单供应商将订单需求信息发布至服装加工订单交易平台通过网络终端。在服装加工订单交易云平台注册的服装加工企业填写相关资料（通过平台推送或搜索获取到订单需求后）提交向订单供应商交易意向；订单供应商可在线查看加工企业发布的详细信息（收到交易意向后），如企业所在位置、性质、资质、规模、生产配置与装备、交易历史评价以及第三方的权威验厂报告等。经过初步筛查，根据订单信息在线上进行合适的加工报价，交易双方在报价同时认可的情况下，供求双方进行初步接触和实地考察，通过线下谈判，达成初步交易意向，并根据提供订单产品信息进行打样，双方达成共识后，正式签加工合同，进入订单产品生产的阶段。

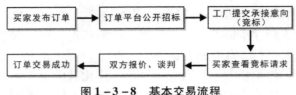

图 1 - 3 - 8　基本交易流程

## （二）精准匹配模式

该模式主要利用云计算技术为订单交易双方根据自身实际需求（如订单发布方的地域、产品类型、交货日期、订单数量等信息以及订单需求方的地域、企业规模、企业资质、生产装备、生产档期等信息资源）进行精准匹配，使达成机率提升，使错配造成的资源浪费减少；并形成快速反应的机制，通过利用移动互联网以及手机 APP，短信推送等来实现订单信息、竞标请求等信息的及时通知。如图 1 - 3 - 9 所示，一旦订单持有方发布一条订单需求，云计算中心自动根据该订单的倾向性和数据库的卖家加工厂信息如：位置、性质、资质、规模、配置与装备、档期、位置、以往交易评价等，计算出最适合承接该订单的生产加工企业，并将订单信息立即通过手机 APP 通知订单持有方。收到信息提示后，订单持有方通过操作终端发送承接指令，即可将承接请求发送至企业管理者的网络终端。生产加工企业收到信息后可根据双方情况，进入下一步交易流程，直至达成订单。

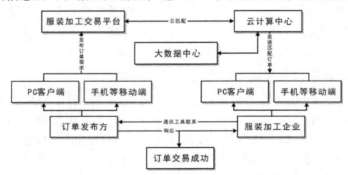

图 1 - 3 - 9　精确匹配的服装加工订单交易流程

## （三）交易风险控制

服装加工订单交易云平台在运行过程中，应建立相关交易风险控制体系，来规避交易风险，保证交易的安全性。交易风险控制体系应包括以下四个方面内容。

（1）建立基本信息认证体系，严格把控平台入驻门槛，杜绝虚假信息。

（2）建立信用评价体系：建立买家与卖家的相互评价机制，使得交易双方在交易前可以参考对方的平台信用以及历史交易评价。

（3）通过第三方权威机构实地认证：邀请第三方权威机构对入驻企业进行实地考察认证，来解决买家由于地域因素不能实地去工厂考察的问题。

（4）建立第三方支付托管与交易保障服务，确保买卖双方交易无后顾之忧。

### （四）服装加工订单交易平台的建设内容与关键技术

服装加工订单交易平台的建设主要由三个阶段来完成。第一阶段是基础平台的建设阶段，包含了运营与实施方案的制订、门户网站平台建设等内容；第二阶段是试运行阶段，包含了客服团队的建设、平台上线试运营、运营支撑系统的建设等内容。第三阶段是正式上线运营阶段，包含了云平台信息数据的优化管理、信用认证与评价体系的建设与优化等内容。

服装加工订单交易平台的基础是云计算技术、虚拟化技术。一种通过第三方网络服务方式提供高性能计算和海量存储的商业计算模型，能够屏蔽 IT 基础设施、软件平台的复杂性，实现自动管理，提供高可靠性、高可扩展性、可配置以及按需服务的网络化服务能力是云计算技术。而计算元件在虚拟的基础上而不是真实的基础上运行，把物理资源转变为逻辑上可以管理的资源是虚拟化。虚拟化技术可以将网络中的服务器、存储和网络虚拟成一个资源池，不同的用户灵活调配。在整个纺织服装产业链的环境下，让服装企业生产加工所需的订单信息资源和订单供应商所需的生产加工信息资源在广域网中进行按需共享，包含了订单发布方的地域、产品类型、交货日期、订单数量等信息以及订单需求方的地域、企业规模、企业资质、生产装备、生产档期等信息资源。

针对多家异地关联企业双方需求信息的精准匹配的特点，服装加工订单交易平台的运行的主要目的是动态管理和高效率利用平台内的各类资源，就需要虚拟化技术对服装加工订单交易平台下的产品生产需求信息数据资源、软件资源、硬件设备以及虚拟机的运行进行管理服务虚拟化。其虚拟化过程的基础是实现生产订单资源服务化与订单业务匹配，主要通过平台资源建模和描述在内的资源特性文档的建立、实现资源特性操作与调用这两部分来完成。通过在虚拟机上一系列操作步骤，订单与加工需求双方可以在平台内动态发布相应的资源，并通过对应的服务接口实现所需的资源调用与信息共享。在云信息服务平台环境下，平台内各异地注册企业或用户通过虚拟化方式进行封装且屏蔽资源的异构性，达到云信息平台中资源的相互匹配目的，顺利进行资源共享与匹配，并使监控与管理集中化。

一般情况下，能够快速的帮助订单持有方与服装生产加工企业达成精准适配的产品生产订单交易是服装加工订单交易云信息平台，使双方的资源浪费减少，使生产成本降低。网络信息云平台的信息开放性通过打破阶段产能不平衡、区域信息不平衡的局限性，充分利用优质企业资源，使产业结构得到优化，促进了产业转移，落后产能被淘汰，有一定的社会效益。并能够形成产业形势与走向阶段性数据分析报告通过大数据中心，如接单分布地区、订单类型与规模、发单分布地区、成交活跃时间段等等，对产业政策制定以及投资决策起到辅助决策的作用。

# 第四节　服装设计审美特征

本节主要为您阐述服装设计审美特征。由于文章篇幅有限，为了让您对服装设计审美特征有更好的了解，我们将从民族性的服装设计、实用性和审美性的服装设计、特殊性的服装设计、综合性的服装设计、简洁性的服装设计以及材料美的服装设计这六个方面逐一阐述。

## 一、民族性的服装设计

服装设计的要求随着时代的发展在不断地变化，而服装设计师也随着人们生活品位的提高而遇到了新的挑战。设计师为了再现时代的精神风貌和引导服装消费市场，便探索相应的表现手法和表现形式。从这个意义上讲，服装设计语言逐渐深入的主体要素是时间的推移，文化艺术和科学技术的进步，需要设计师不断地有相应的设计题材出现。诚然，艺术设计中的题材往往会重复再现的，但是每一次再现，设计师都会赋予这些题材一些新的元素，提出新的问题。下面，我们将为您阐述运用和发展中的传统服装中的旗袍。

众所周知，旗袍最初是清代旗人女性穿用的一种服装。当时的旗袍式样分室外穿用和家庭穿用两种，室外穿用的是在旗袍外加一件大褂（也称敞衣）。而家庭穿用的式样特点是直身、大襟、前后有缝、外加一件背心。到顺治元年（即1644年），旗袍又分平民穿用和宫廷穿用两种，主要式样是：平民百姓则穿长度不及脚面的旗袍；而宫廷穿用的旗袍长度盖过脚面。乾隆时期，旗袍的腰部由直线变为曲线，衣服由肥变瘦，并有长短之分，同时领子也由高变低。到了辛亥革命后的1920年，这时的旗袍均为宽腰身，大下摆，开衩升高，并镶饰花边，领型前低后高。中华人民共和国成立以后，旗袍一改相对单一的式样，先后出现了连袖式、对开襟、琵琶襟等，并根据人们的不同穿着习惯和季节的变化，出现了单、夹、棉之分，其袖子有长、中、短、松、紧之分。由此可见，经过历代服装设计师们的继承、补充和完善，旗袍既保留了原有的造型感觉，又突出了新的结构特征，成为一种雅俗共赏的中华民族最具有代表性的服装之一。时至今日，旗袍又一次受到包括西方服装设计师在内的普遍关注，旗袍的领型、门襟、开衩、纽扣、边饰及工艺特点等都被广泛运用到现代服装设计中去，赋予了新的内涵。

　　不变的辩证美学思想认为，民族的，就是世界的。民族艺术具有独特的风格，使世界文化宝库丰富，民族艺术作为设计的元素而幻化出各种新颖的现代服装设计作品。森英慧将东方的幻想与西方的奔放融为一体；巴伦夏加的设计将法国的高贵优雅与西班牙的浪漫自信完美地结合起来。可见，民族文化和艺术既有继承性，也有演变性，这种演变性是受国际文化思潮和流行趋势所左右的，也是受社会文化思潮和人们审美意识所制约的。因此，更深刻地反映其民族文化的精髓，表达人们心底的真实情感和愿望，体现时代脉搏的跳动是现代服装设计的民族性的根本要求。当然，民族文化和民族服装造型本身也混合着高雅和低俗、严肃和诙谐、活泼和呆板的冲突，设计师在继承和发展传统文化的同时，不可抱残守缺，而要去其糟粕，取其精华；不应模仿现实，而应创造现实。可以肯定地讲，我们今天的服装设计追寻的原则是：既不可生搬硬套地复古和怀有狭隘的民族主义思想，也不能盲目效仿西方和采取毫无选择的拿来主义。而应以传统文化为根基，继承民族服饰艺术中的合乎现代生活需要的相关因素，将民族风格与时代精神有机地融为一体，用新的内容突破原有的形式，丰富和弘扬民族服饰文化的内涵（图1－4－1）。

**图1－4－1　现代旗袍**

## 二、实用性和审美性的服装设计

从服装设计的本质功能方面来说，它不仅要满足人们的物质需求，也要满足其精神需求，服装的这种特征通常被称为服装的实用性和审美性。一般来讲，服装设计的实用性和审美性有着双层的含义，即狭义：某一具体服装的实用性和审美性；广义：整体的服装文化发展中的实用性和审美性。下面我们将分别阐述。

值得注意的是，服装实用性和审美性的侧重面在不同造型服装中是有差别的。例如，在一些特定场合的高级礼服的设计中，审美性是占第一位的，实用性则是居第二位的。而在日常便装的设计中，其实用性是占主导地位的，审美性是占第二位的。我们经常看到，在一些生活服装的设计中，设计师由于过分地追求其个性风格和艺术品位，使服装的造型显得不伦不类而导致设计的失败。其主要原因就是没有把握好不同意义上的服装造型在这两种特征上的关系。

在我国古代宫廷服装中，制作上运用了大量的传统工艺技巧来丰富其审美特征，如运用各种镶边、滚边、刺绣、褶裥等。服装就如同一块画布，任其发挥想象加以描绘；又好像在器皿上涂漆并绘制大量花纹，漆与木纹并不是一种东西，它们相互叠加，一种外在的渲染和装潢被体现，服装成为权利和尊严的象征。而现代服装其实用性和审美性是融为一体的，力求在其功能的有序中体现美的实在性。设计实践证明，真正存在着美的是完全有用的东西，要想体现其美感，只有顺应使用规律。服装设计更重要的是使服装符合人的全面要求，而不仅仅是解决外观的悦目。同时，现代服装设计更重视其结构的秩序，秩序便通向美。

实用性服装和审美性服装是在整体的服装文化发展中，缺一不可的两个方面。例如，各种服装市场中所出售的服装绝大部分属于实用性服装。实用性的服装主要目的是满足人物质需求，而服装文化发展的基础和根本也是实用性服装。审美性的服装以引导服装市场的消费导向，推动服装的流行浪潮，弘扬和传播服装文化为主要作用。我们经常看到的时装发布会中的作品即属于此类服装。有的消费者常常抱怨一些时装发布会中的服装只能看而不能穿，这不免曲解了服装设计师的初衷。已故日本服装设计师君岛一郎先生对上述问题说过这样的话："时装发布会上的服装就如西方人在用正餐之前喝的葡萄酒，其功能是用于开胃而不是用于充饥的。"君岛一郎先生形象而生动地阐述了审美性服装的功利目的。值得注意的是，实用性服装和审美性服装在不同的国家和地区、不同经济基础和物质需求上，需要有不同程度的总体体现。设计者应准确地把握其设计的实用性和审美性的尺度，通过服装的使用场所和使用范围（图1-4-2）。

图1-4-2　服装的实用性和审美性

## 三、特殊性的服装设计

艺术设计中包含服装设计，它有着自身的艺术语言和设计规律。它造型的对象是人，主要表现手段的艺术形式是物质材料。在设计的过程中，设计师表达一般的和典型的内容，体现其思维极为宽泛的、多种多样的可能性通过借助于丰富的想象力和创造性思维活动、独特的构想以及具体的和个别的形式。服装设计从这个角度来看，不仅与传统的艺术形式没有什么不同，同时，也与其他艺术设计没有什么不同。设计师抒发内在的情感和审美感受是通过服装的造型，重要的是创造人体的美，而不仅仅是反映人体的美。

然而，从服装设计最本质的功能来看，它既不同于绘画艺术形式，也不同于文学艺术形式。正因为它是以具体的人作为设计对象的，所以，服装的款式、色彩及面料的艺术处理都应从属于具体的人的实际需要，这是服装设计区别于其他艺术形式的实质所在。设计师应善于在服装的审美高度和技术质量上做文章，从服装的功能中发现和创造美的形式，寻求服装设计的审美和实用之间的内在统一性和协调性。"衣必常暖然后求丽"虽为传统的设计观，但它却是服装设计的永恒的准则。同时，服装既是视觉性的，又是感觉性的，它存在于一定的环境中和一定的时间内，是具有时空性的艺术形式，它在特定的社会文化氛围中形成产品而导入市场。在构成服装的整体美感的过程中，主要因素是服装的造型，但是，只有当造型和着装者的形体、气质相协调时，服装设计的审美价值才可能完整地体现出来。可以这样说，服装设计美感的最终体现应该是由设计师和着装者共同创造而完成的。我们经常有这样的体验：一套优秀的设计作品，假如一个外在形体和内在气质俱佳的人穿着，则能给一套平淡无奇的服装增添色彩；而由一个外在形体和内在气质欠佳的人穿着，往往产生不了应有的美感。这也正如有关专家所指出的那样，仅仅是衣服设计得美是不够的，只有经过着装者的再创造，使两者高度协调、整体统一时，才是服装设计所追求的最高境界。简单来说，服装设计的美的主要目的是突出和强化人的形体特征和个性特征，而设计师正是通过这种艺术设计手段既再现了时代的文化和精神风貌，又表达了自身的思想情感。

## 四、综合性的服装设计

服装设计并不是仅有设计师的设计就能够完成的，同时，还需要通过诸如测体、制板、剪裁、缝制及相应的各个环节的有机结合来实现的。这是它能够创造性地任意表达人体美的原因。从这角度上来讲，它很像电影艺术的创造过程，剧作家的剧本需要通过导演、摄影师、音乐师、灯光师以及后期剪辑制作等一系列的工序的配合才能完成。假如说剧本是一流的，那么影响作品艺术水准的是导演和演员。服装设计也是这个道理，一套高档的服装设计，能够影响到服装的整体艺术效果，充分体现的是面料选择的适型性、量体尺寸的准确性、样板制定的科学性、工艺制作的合理性、服饰配件的协调性等。因此，在服装设计的成型过程中，各个工序之间应该是一种环环相扣、相辅相成的密切关系。当然，这其中需要掌握一个艺术上的分寸感和"度"（指适度、恰到好处）的问题。设计实践告诉我们：设计师如何把握服装设计和服装成型的各个工序的分寸感，如何在掌握整体造型与各个工序之间的"度"上决定一套服装设计的艺术格调的高低。显而易见，服装设计是一门综合性极强的艺术设计门类，需要各个工序之间的相互衔接和相互配合，缺一不可。从这个意义上讲，服装设计师和服装工艺师之间应该是一种密切合作的关系（也有设计和工艺一身二任的），以求设计与工艺的和谐统一。

服装设计师需要具备综合性知识结构，较强的合作和协调能力。因为，服装设计是一项综合性的、时效性的学科。从设计实践中我们可以体会到，要使自己的作品产生良好的市场效应，离不开通达的社会渠道和相关网络，如设计的信息、材料的来源、工艺的改良、作品的宣传、市场的促销等，都需要有关方面的默契协作和有序的组合。由此可见，提高现代服装设计水准的重要因素是设计师的综合素质和能力。

在西方的一些高级时装设计店中，每一位著名的设计师后面都会有一批相对固定的与之配合默契的制版师和工艺制作师，他们在与设计师多年的密切合作中，每每能够准确无误地理解和把握设计师的设计意图，从而充分而完美地体现出设计的最佳艺术效果。这正是一名服装设计师取得成功而立于不败之地的重要因素之一。当然作为设计师本身，服装的艺术性及其表现力应该首先考虑，其次才是服装的成型，很好地制作一件衣服并不等于成功地设计一套服装。

## 五、简洁性的服装设计

随着工作效率的加快和社会经济的发展，为了集中把人们的个性特征表现，把人们的个性需求突出和强化，服装造型越来越倾向于简洁。然而在我们的服装舞台和服装市场上，不少服装为了弥补设计灵感的匮乏，将一些多余的线条和色彩强加于服装造型，还在外观上作琐碎的装饰和点缀。这种现象的存在有两种原因，即：

（1）无视流行趋势和市场需求，去迎合一些低俗的审美情趣。

（2）少数资历不深的设计师由于对服装设计语言缺乏足够的认识和理解，往往陶醉于自我欣赏而画蛇添足。

因为服装能够启迪人，同时也能够误导人。所以我们应该意识到，当面料被剪裁成各种各样的几何形获得了独立的生命之后，这其中不仅体现和代表着设计师的初衷和对美的追求，更重要的是将受到社会和消费者的认可。

在现代的服装文化中，17世纪象征新兴资产阶级贵族意识的巴洛克风格和18世纪代表法国宫廷艺术的洛可可风格在我们的服装设计早已摒弃了。工业革命前的那种不厌其烦的重彩满绣、繁琐堆砌的服装已作为历史遗产封存在博物馆内。现代美学家鲁道夫·安海姆说过："在艺术领域内的节省律，则要求艺术家所使用的东西不能超出要达到一个特定目的所应该需求的东西，只有这个意义上的节省律，才能创造出审美效果"。著名服装设计师皮尔·巴尔曼在他的自传《我的年年季季》中这样写道"一件真正的高级服装，不会在作品中添加任何附加物，即使是一条不必要的线条，也要完全舍弃。"懂得舍弃便懂得艺术创造。巴尔曼于1945年10月，在他的第一次时装作品发布会中，由于当时紧缺的纤维材料和配饰材料，让他不得不使他的设计作品在简化中求高雅。在当时的服装界产生了轰动，也使他的服装先导的地位被奠定。

用美学的视角来看，简是另一种形式的丰富。简是升华，是浓缩。服装设计中的减法比加法包含着更为深刻的、更为本质的美。简洁就是用较少的形式项组成多变的有序结构，实现追求丰富的艺术节省律。在这方面，很多著名服装设计师的经典作品已为我们提供了艺术参照。现代服装设计师的智慧所在，也是现代服装审美内涵是在简洁中求丰富，在简洁中求高雅（图1-4-3）。

图1-4-3　简洁的服装

## 六、材料美的服装设计

在服装设计成型的过程中，起到决定性作用的是材料。对于材料的把握和认识是设计师的直觉使然。从一般情况下来说，我们在设计时可能遇到两种情况：一种是设计先行，根据设计构想去选择相应的面料；一种是面料在先，根据现有的面料进行针对性的构思设计。但是，无论是哪一种情况，重要的是设计师对于面料的可塑性、外观肌理、物理性能等因素的深入理解。

服装设计领域内的一个重要因素以及推动着服装设计表达手段的不断更新的是现代科学技术的进步和新型纺织材料的开发。特别是近期以来，服装设计的重要研究课题是科学与艺术的互动。服装的设计理念和材料的性能已经逐渐成为服装设计的着眼点，而服装设计的着眼点已不再是单纯的服装款式结构和色彩配置。作为服装设计师，应注重服装的间接造型因素的探讨，深化的社会文化，科学技术的进步，从根本上改变着服装设计的造型语言，同时也为服装设计提供了无限发展的可能性。而不仅仅是关注于服装的直接造型因素的研究。

当今，设计师们已经将更多的精力投入于新纤维材料的开发和拓展方面。因为设计实践告诉我们，当代的服装设计单纯从款式结构上进行突破已显得力不从心了。正是因为这种倾向的影响，多姿多彩的、多种造型风格的服装出现在了服装的T台上，同时也在服装市场之中开始盛行，通过流行的传播。

1. 传统材料的重新塑造

以现代文化观念和设计观念将一些传统的、民族的、民间的原始的服装材料进行再思考和再塑造。把新的面貌赋予这些材料，重新找到传统材料在现代服装中应有的位置。例如，旧式的烟斗和眼镜、古朴的怀表、古典的手杖、装饰品、礼帽等，他们再度拥有了一种穿越时空的深邃魅力，进而成为难以抑制的流行势头。从这个意义上讲，我国作为一个历史悠久和多民族的国家，在各个民族的服饰文化中有可以挖掘的材料资源，寻求其中与现代设计思潮相适应的因素用于服装造型之中，使服装既具民族特色又具时代风貌。在这方面值得我们注意的问题是，作为当代的服装设计来讲，对于服装材料的选择和开拓，不能一味地盯在进口材料上，而应立足于本国的材料市场上。服装设计、服装材料、服装加工和服装市场的整体水平是一个国家服装文化成熟的标志，而民族文化和国民经济是这种整体水平的基础。

2. 对现代新型材料的开发

将材料的个性特征与服装的款式结构有机地融为一体，通过对新型纺织材料的物理性能、肌理效应及悬垂感、可塑性等因素的研究，并且采取一些恰当的方法去解决两者之间的内在协调性和统一性在服装成型的过程中。在近期的著名服装设计师的作品发布中，在材料的开发上都充分显示了高科技含量和新技术手段，寻求各种新型材料和服装结构的有序结合，创造出各具特色的服装造型，丰富和强化了服装的艺术表达力和审美价值。如意大利著名服装设计师瓦伦蒂诺所开发的一种称作 LUREX（将腈纶纤维镀上铝的银丝线）的材料而备受推崇，这种材料在诸多服装上得以拓展；日本著名服装设计师—三宅一生开发的细褶风格面料曾引起全球服装的时尚潮流，并以独特东方服饰理念强烈地冲击了欧美服装而独霸一方。

3. 多种材料的综合组构

服装的造型越来越倾向于简洁和质朴是现代服装设计的特点，设计师们在面料的选择中最好地发挥了他们的想象力和对于服装的深层次的理解。将几种不同质感的、不同类别的材料经过创造性的思考，从中寻求到一种结合点而进行有机组构和处理，使几种不同的要素统一在一套或一个系列的服装中，打破常规和固有的款式，体现其服装独特的设计语言和造型风格。在让·路易·雪莱的服装中，大量运用金丝的罗纱，配以涂金的羽毛，肆意组构出既优雅高贵、又纯净平和的别致造型；在当娜特娜·维莎切的服装中，其材料的运用可以说是植物和动物材料最新奇的汇总。如椰树纤维、香蕉叶、鳄鱼皮、海象皮等，并善于将日常生活中最普通的材料变得华美无比，经过各种表面处理，升华了服装的审美价值（图1-4-4）。

不容置疑的是，当代的服装设计要想体现服装的时代风格，必须通过开拓新材料的性能和特色肌理。服装的形象也包括材料本身，设计的体现

图1-4-4　多种材料组合的服装

已经远远不是那种单纯地将现有材料的加工制作了。设计师应对材料进行多种艺术处理和再塑造，通过最新颖和最独特的思考方法，在对于新材料的选择和运用的过程中。从这个角度来讲，现代服装设计的重要标志是设计师对于新材料的理解和驾驭能力。正如音乐创作一样，音乐家首先需要整体全面地把握各种乐器的特性和局限性，除了熟练地运用音乐创作思维和独特语言之外，更应注重挖掘每一种乐器的独特表现力，力求使每一种乐器的表现力都发挥到极致，充分地将乐思完美地表达出来。同时，从材料本身的特性中求得服装的艺术效果，要求设计师着力于研究材料对人所产生的生理效应和心理效应，研究主体材料与配饰之间的有序组合以及材料与工艺之间的有机统一关系。由此可见，巧妙、科学、有创意地开拓服装材料的特性和潜力，是现代服装设计的有力手段，也是现代服装设计的又一新的飞跃（图1-4-5）。

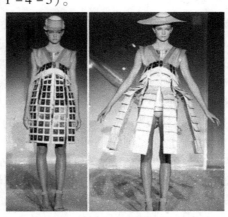

图1-4-5　运用新型材料的服装

# 第二章　服装流行研究

　　服装的流行存在多形式与多变化的特点，对于服装设计师来说，了解并准确地把握住时尚的流行趋势才更有助于设计出具有时代气息，并符合当代人们生活方式及审美需求的服装，以在服装市场竞争中为自己赢得一席之地。本章主要涉及的主要内容有服装流行概述、20世纪服装流行趋势回顾、服装流行趋势的预测与传播体系研究、影响服装变化与流行的因素分析以及时装流行趋势主题的确定与表达及其案例分析等，以对服装的流行作深入的研究。

## 第一节　服装流行概述

　　服装流行的起源来自西方发达国家的上层社会，那时他们的服装都是由有名的设计师针对个人的形象与气质等各方面而进行专门设计，服装所突显出的华贵激发出人们的模仿欲望，因而开始纷纷进行效仿。

　　迅速传播和风行一时在服装界是流行的含义，它与生活水平及经济条件有着密切的联系，如在生活水平与经济水平低下的地区，温饱成为生存至关重要的事，对流行趋势无心顾及。而在一些生活水平或经济水平较高的国家与地区则多为个人在社会中的自我展现，随之成为社会的主流。因此，也可以说流行是人们对更高、更美的生活方式的追求。

　　"流行是按照一种愿望开展的，当你厌倦时就会改变它""时装就是推陈出新，这是自然界永恒的法则"。这两句话分别由服装设计大师迪奥和皮尔·卡丹所说，这种理解表明流行是基于人们的喜新厌旧的心理所形成的事物，它是为满足人们的心理需求而被创造的。同时，人类相比其他动物更具备一种模仿能力，而流行就是从模仿中获得灵感而被创造出的一种新的形势，同时又因为流行的本质是为满足人们的心理，服装的流行也取决于大众的选择，因此，设计师就需要在模仿中创造出符合大众心理与心理共鸣的新的形势来吸引人们，从而引领新的流行趋势。

　　流行的意义也不仅仅只是一种流行趋势的诞生，更为重要的是一种新的流行趋势诞生后能够在人群当中得到扩展与普及，从而形成一个较大的群体才是流行的真正意义上的达成。它由人们对新鲜事物的好奇、共鸣与拥有能够显示出与周围多数人们有所区别的自我表达来实现，并在人们的模仿中不断地被扩大。但当某一种流行趋势扩充到一定程度，流行所具有的独特性随之被取代，又在人们喜新厌旧的疲劳中逐渐被放弃，这时，新的流行趋势就会在人们的急切盼望中而产生。

服装的流行有一时性流行、稳定性流行、交替性流行和反复性流行等四类，这是根据服装流行存在的多种形式进行分析与比较后，进行归纳而得来的。其中，一时性流行的作品往往来自于某些突然事件中产生的灵感，而产生具有思维与行为超前性的设计，同时又与主流生活的差距较大，因此这种流行趋势会呈现出一个迅速上升也迅速回落的过程，且这个过程往往极为短暂。但回落并不等于就此消失，在合适的时候还是会有再次流行的可能。稳定性流行是从流行趋势开始时的一段时间内呈现迅速上升的趋势，等到流行趋势结束后开始回落。但与一时性流行不同的是，稳定性流行的设计往往是贴近主流生活的，因此当它的流行趋势回落到一定程度后，就会以一种水平的趋势持续发展下去。而两种呈现对立关系的时装风格、长短、款式等之间随着时期的交替转换则是交替性流行的特点。反复性流行在时装流行中一直保持着一种常态形式，它是指流行趋势在不同的时间里、不同程度地、反复地上升与回落，却始终不会消失。

## 第二节　20世纪服装流行趋势回顾

流行服装不是设计师凭空创造的，而是由一种原有的服装款式为灵感而进行的创作。因此服装的流行从来都是拥有一定的规律可循，主要有周期性和渐变性两点。此外，服装流行也是由这两点及思想与社会的变化为基础从而形成一种流行变换的规律，如在20世纪女性服装呈现出每10年左右就产生出一种新的流行趋势。

### 一、周期性

流行之所以会成为流行，必然拥有它本身所拥有的特质，也是人们心里和共鸣上所认同的，只是在时代或为追求一种独特性上的丧失而被人们逐渐舍弃与淡忘。但也是随着被人们遗忘，它们所具有独特性便能够以一种新的形势回归到人们的视线当中，复古、怀旧、回归等流行信息即是在这样一种背景中而产生，从而形成一种新的流行趋势。因此流行趋势的变化不是以一种直线的形势来推动的，而是一种反复循环的周期性的形势。

## 二、渐变性

流行是以原有的款式进行创作而非凭空创造说明流行没有突变，只有渐变的过程。例如西方国家的女性长裙，19世纪末至20世纪60年代的裙底随着人们思想的改变与时代的变迁，一直呈现出逐渐缩短的趋势，从原本的及地长裙经由脚踝、小腿、膝下，一直到膝上，而在这之后又随之延长至脚踝。

## 三、20世纪女性服装流行趋势

服装设计作为一种社会现象，它与国家的经济、环境、文化、思想、宗教、科技、战争等各种变化形式都有所联系，也同时受其影响。20世纪，新的时代的开启促使国际地动荡与日俱增，在服装界中尤其是以女性时装为主的流行趋势发生多次且较大的改变。正如上文中所提到的，约每10年发生一次较大的变化，这里就以这个周期进行划分，以对各个年代的服装流行趋势进行了解，以及反映出服装与社会之间各种因素所形成的对比关系。

### （一）20世纪初

法国设计师保罗·波烈在20世纪初针对19世纪末女性要求将服装中的紧身胸衣进行改善以便更方便参加社交的呼声中，反叛性地将延续了3个世纪的紧身胸衣设计修改为高腰修长的服装造型，它改变了古典风格所追求的S型，将女性的身体得到解放从而得到女性们的热烈追捧，从此传统的服装逐渐被新的款式与形式所取代。同时这一时期在为女性外表美化上烫头技术的发明也将其向前推进一大步。

### （二）20世纪10年代

这期间的西方社会之间爆发了世界第一次大战，女性开始步入社会以及从事体育活动等。这种社会地位与生活方式，使她们在社会上的权利与经济上获得独立，对服装的要求开始以女性自己的需求制作，这使得注重华丽的传统服装朝着功能化的方向发展。同时，电影的问世让人们看到电影中角色新潮的打扮，开始纷纷效仿，以至于胸罩这一织物内衣代替了原有的紧身胸衣，更便于生活活动的短发也开始流行；毕加索的"立体主义"画展、马蒂斯的"野兽画派"、"表现主义"画派的诞生、"新艺术"

运动的开展以及保罗·波烈在俄罗斯芭蕾舞团于巴黎的舞蹈演出中所带来的东方艺术风的基础上所设计出来地带有浓厚东方风格的系列时装等，都极大地影响了服装设计。也是在这期间，长裤得以出现，并迅速取代了长裙的束缚，在正式的社交场合中也可以进入也足以证明它的重要性，也是由此开启了长裤被纳为女装设计元素当中的序幕。

### （三）20世纪20年代

这个年代可以说是一个科技年代，汽车、电话、收音机、点唱机、各种家电以及爱因斯坦的相对论相继诞生，这种生活方式的改变使得人们的生活态度也随之改变，对未来的看法与美好的憧憬充斥了人们的生活理念。维奥内也在这个服装设计百家争鸣的时代里创造了斜裁的剪裁方法与优雅的露背晚装；夏奈尔则开创了针织套衫这一带有鲜明设计的服装样式，"彪悍少女"这一以短发、短裙的形象也得到提倡并开始流行。

### （四）20世纪30年代

到30年代以后，艺术与设计相结合成为服装设计的主流，勒·柯布西耶的"新建筑"思想中的"机械美学"也对服装设计产生了相当大的影响，如汽车、火车、轮船、飞机、爵士乐、摩天大楼等以玻璃与不锈钢组成的建筑与机械的流线型造型成为时尚设计的主要风格。它将女性的女人味、优雅以及苗条曲线体现得淋漓尽致，相比20年代的"彪悍"形象更突显出女性们所追求的生活品质与享受。

同时期，西方国家又爆发了一场经济危机，人们在生活的无望里反而开始过渡挥霍，流行效应得到加强，甚至流行款式的服装在短时间的销售量可以多达几十万件。30年代末锦纶在美国被成功发明，锦纶袜也由此为基础得以诞生。

### （五）20世纪40年代

第二次世界大战爆发后，战争使得资源逐渐匮乏，服装的产量也大为减少，并且为节省布料而款式趋向简单，短小紧身的裙子、宽肩的军队形式的上衣等制服化服装成为女性的共同服装款式，但这一时期的帽子却花样繁多且造型别致，夸张的帽子与头部形象形成的对比大相径庭。

本着结实耐穿特点的牛仔裤也是在这一时期开始大受欢迎，尤其在美国的大学生间制服、牛仔裤、运动衫等的穿着方式成为一种热潮。而美国相比欧洲在服装上的奢侈得益于其在战争中并未受到重创，因此也就不同于欧洲各国实行的使人们缩衣节食的物质配给制度，在战争期间富裕的美国人更喜爱高级时装。

1947年，名为"新外观"的高级时装展示会由法国设计师里斯汀·迪奥举办，在这场时装展示会上，紧小合身的上衣与大波浪喇叭长裙的搭配所形成的 A 字型服装成为高级时装款式造型的新潮流。它以奢侈的用料与优雅的线条设计理念震撼了整个西方，打破了制服这一服装款式在战争时期一统天下的局面。

随后，比基尼这一三点式的女性泳装由法国人路易斯·里阿德设计出来。瑞典的电影明星英格丽·褒曼成为此时的时尚女皇。

### （六）20 世纪 50 年代

50 年代，欧洲的经济开始从"二战"的创伤中逐渐恢复，生活日渐富足，女性们对服装的盼望回复到战前一样的表现当中，想要通过对柔美与温存的渴求洗刷战争遗留下的男子气。迪奥素的设计正是满足了这种需求，因此迪奥在这个时期备受追捧，成为其服装设计最辉煌的时期。同一时期备受追捧的还有巴伦夏加、巴尔曼，他们共同主宰着流行趋势。

奢华、铺张与形式至上的设计观念取代了战争时期的以功能为主的观念，尤其以摇滚乐和流行歌曲著称的猫王，以奥黛丽·赫本、索菲亚·罗兰、玛丽莲·梦露等的明星成为时尚偶像的代表。

此时的西方服装大师还将亚洲的民族服饰元素大胆地融入服装的设计理念当中。

### （七）20 世纪 60 年代

波普艺术、摇滚音乐、哲学中的"存在主义"在 60 年代开始流行，它贯彻的是一种反权威、反传统的思想，主球的是一种标新立异，被称为"反文化时代"及"动荡的 60 年代"。英国的玛丽莲·奎恩和法国的辜耶基在这种时代背景下，设计出迷你裙，它突破了时装界的一种格局，也在欧美的青年女性中开始迅速流行起来。

伊夫·圣·洛朗更是设计了透明而性感的衬衫，使时装界为之震撼。其次他还将燕尾服进行改造，以一种中性风格引入女性的时装当中。

这个时期同时也是高级时装界受年轻的反传统的美学风暴重创的时代，嬉皮士、披头士的诞生于大麻的流行，青年人在工业制衣成熟的背景下开始自己设计服装。例如皮尔·卡丹设计的宇宙服，它是为纪念苏联宇宙飞行员加加林登上月球而设计的服装，但色彩艳丽的碎花面料又实实在在地代表了嬉皮士时尚。中国刺绣与锦缎等也称为西方设计师们手下的设计素材。

### （八）20 世纪 70 年代

70 年代的年轻人延续着 60 年代的放纵，以暴力、激进干预政治行为，暗杀等一系列恐怖活动频频发生。

这是一个性格贫乏的年代，而在时装界又是一个突显自我的时代。中庸裙、大喇叭裤、牛仔裤的盛行表现出的是一种随意、洒脱与中性特征，并风靡全球。

这个时期美国的经济形势还随着石油危机的爆发而急剧下滑，美元遭到贬值。人们在悲观与失望中开始制作中低档次的服装，并以自然的色彩与素材进行设计。紧身健身服也随着健身俱乐部的盛行而成为热点。

"朋克"一族也随着这个时代的大发展而得以生成，各种色彩的鸡冠形发型、纹身与穿孔带环的身体、破烂不堪且不堪入目的衣服成为最为典型的标志。英国设计师维维安·维斯特伍德将朋克的风格引入时装设计当中，他也是第一个将反叛文化变为主流文化的设计师。另外，东方的服装设计师带来的带有东方超大型宽衣文化服装等成衣纷纷冲击着欧洲的服装文化，如日本的三宅一生、高田贤三等，他们设计的服装在巴黎大寿欢饮。由此也使得欧洲设计师们开始意识到服装设计应顾忌到的文化和审美情趣交融的重要性，从日本、马来西亚、印尼等的东方服装中抽取不同的元素，成为设计师们新的时尚设计焦点。

## （九）20 世纪 80 年代

80 年代的年轻人开始从动荡、反叛当中回归至平稳、保守的性格，对物质主义享受的也同样回归讲究，以英国首相撒切尔夫人和美国总统里根夫人为女性的榜样，她们对服装中的浪漫主义极度追求。流行一种男士垫肩西装和打领带以及女性作款垫肩和精裁剪的正式服装，还有短而紧身的裙子、讲究的衬衣等组成的"雅皮士"风格。这种风格的设计师尤其以美国的卡尔文·克莱恩和唐娜·凯伦为代表，他们设计出来的品牌成为一种知名品牌。

这一时期日本的设计师也在国际上崭露头角，如 10 名设计师在巴黎的时装展中就制造出了一股"黑色风暴"。尤其是川久保玲以乞丐穿着为灵感设计的"乞丐服"，表达出的是日本的审美观念。

戈蒂埃更是为歌手麦当娜设计了内衣外穿胸罩的表演服，更是一度成为时尚的象征。同时，中国的脸谱、抒发、佛珠等文化精髓也逐渐渗透进国际时装舞台当中。

1985 年世界卫生组织宣布的由年轻人性放纵而肆虐的艾滋病属于一种严重的流行疾病、臭氧层遭到破坏、大气受到污染等的社会问题成为人们越来越关注的话题。80 年代末，时装 T 台上一群超级名模的反对并抵制皮草服饰，表达对保护动物的提倡，这些都说明这个时期的人们越开越关注一种健康的生活追求。这场以健康为理念的流行风由时装界刮起，它促使了环境保护被提到时装议事的日程当中。

### （十）20 世纪末

20 世纪末，随着高科技的发展、计算机的快速普及与全球经济化的开展使世界发生了翻天覆地的变化，也实实在在地改变了人们的生活方式。休闲、简约等成为时尚主流，也可以说 20 世纪末是时装时尚的极限主义时代。

科技的日新月异使得服装设计富有科技的味道，但流行趋势一旦达到顶峰就会随之改变，在 20 世纪末的末期，时装界就蔚然刮起一道复古风格，富有怀旧情调的设计开始流行起来。

约翰·加利亚诺入主迪奥品牌之后，将东方的民族服饰再一次融入时尚服装设计的灵感当中，为这个时装品牌展开新的篇章，并持续了十数年。

原本制作皮草的路易·威登公司也因为马克·加克伯斯的加盟而拓展出简洁、舒适、运动、休闲的美国风格的时装，并一度成为主流时尚。它也为欧洲的服装设计带来新的灵感，如 1994 年汤姆·福特为古姿设计的露脐装就是以此为基础。后来牛仔裤的破洞、磨损、拉毛等手法的运用，也使得乡村风格的服装引领着时尚的潮流。

20 世纪整整百年的时间服装设计发生了多次蜕变，而从这些蜕变中可以得知，服装设计映射着时代的思潮、社会的变化、科技的发展与政治的影响。它也比世界上任何意见事物都能更加真实、更为坦率地表达出女性的思想和体现女性角色的特色。

毕业于美国著名时装科技学院的卡尔文·克莱恩在 20 世纪 70 年代以套装为流行的时代里以独特的眼光预测着潮流的变化，以美国兴起的新兴的运动热潮而设计出运动系列的休闲服，从而取得巨大的成功，并且在不断的扩大经营中推出女装、男装、牛仔服、香水以及其他配件，使之在 1981 年一年盈利金额达到 4 亿美元。由此可见，流行的创造不仅需要设计师对国际、科技、文化等方面要有全面的了解，还需要对时装的发展与消费者的心理有一定的洞察力与把握。

# 第三节　服装流行趋势预测
# 与传播体系研究

从流行趋势的预测到传播，之间会经过较长的时间，并会经过多个行业和多家机构，以助力流行的传播。

## 一、世界时装之都

国际时装潮流的策源与传播地被称作世界时装之都，它们以绝对的权威性引领着世界的时尚潮流。目前被世界公认的有法国巴黎、英国伦敦、意大利米兰、美国纽约和日本东京五大时装之都，它们都拥有各自的对时装设计的特色和预测并掌握流行趋势的研究机构，以及一批引导世界时装潮流的设计师及时装品牌。

### （一）法国巴黎

法国巴黎作为全球时尚的发源地，在 17 世纪下半叶就已经确立，它是世界高级女装的中心，以奢华、优雅、高品质的艺术化及浪漫前卫的时尚风格享誉全球，更有可可·夏内尔（CoCo Chanel）、克里斯蒂安·迪奥（Christian Dior）、伊夫·圣洛朗（Yves Saint Laurent）、卡尔·拉格菲尔德（Karl Lagrefcld）、让·保罗·戈蒂埃（Jean Paul Gaultier）、纪梵希（Givenchy）、爱马仕（Hermes）、路易·威登（Louis Vuitton）等著名时装设计师及品牌为代表。

### （二）英国伦敦

相比于法国巴黎，英国伦敦作为世界时装之都的成立整整晚了 2 个世纪，且以男装为主，奠定了在世界时装舞台上举足轻重的地位。有博柏利（Burberry）、保罗·史密斯（Paul Smith）、登喜路（Dunhill）、薇薇恩·韦斯特伍德（Vivienne Westwood）、亚历山大·马克奎恩（Alexander McQucen）、约翰·加里阿诺（John Galliano）等以成熟古典和年轻前卫的双重设计风格的著名时装设计师及品牌为代表。

### （三）意大利米兰

意大利米兰的时装设计以高品质著称，风格较为古典，但又带有现代风格，以高雅大方、简洁利落的特点将高级时装成衣化，有费兰科·费雷（Gianfranco Ferré）、瓦伦蒂诺（Valentino）、乔治·阿玛尼（Giorgio Amani）、范思哲（Gianno Versace）、道尔斯与噶班纳（Dolce & Gabbana）、米索尼（Missoni）、古奇（Gucci）、麦克斯马拉（MaxMara）、普拉达（Prada）、芬迪（Fendi）等对世界时装发展起着重要作用的著名时装设计师与品牌为代表。

### （四）美国纽约

美国纽约在第二次世界大战欧洲时装设计行业受到重创的时候得以迅速发展，并一跃成为世界时装之都。它的服装设计成为成衣新纪元的开拓者，以大众化、功能化与多元化的时装为特点的休闲风格服饰而引领着世界成衣发展的潮流。有卡尔万·克莱因（Calvin Klein）、比尔·布拉斯（Bill Blass）、唐娜·卡伦（Donna Karan）、拉夫·劳伦（Ralph Lauren）、奥斯卡·德拉伦塔（Oscar de la renta）、李维斯（Levis）、安娜苏（Anna Sui）等著名时装设计师与品牌为代表。

### （五）日本东京

日本东京作为五大时装之都唯一一个东方国度，它以全新的"Anti-fashion"概念缔造着时装设计中崭新的东方时尚，自20世纪70年代成立以来为全球所瞩目。有三宅一生（Lssey Miyake）、山本耀司（Yohji Yamamoto）、川久保玲（Rei Rawakubo）、高田贤三（Kenzo）、UNDER-COVER（日本服装设计师高桥盾创立）、菱沼良树（Yoshiki Hishinuma）等著名时装设计师与品牌为代表，将面料所的意蕴美与"解构"法带来的服饰创新发挥到极致。

## 二、流行趋势规律

色彩、面料、款式、纤维是服装流行趋势的四项主要主题，在成为流行趋势前还要依据从设计到推广的时间来提前预测，主要体现出以下几点规律。

### （一）国际纺织品流行趋势发布的时间

18~21个月前为发布机构对流行色信息的发布时间；12~16个月前由纤维供应上对纤维的流行信息进行发布；12个月前由面料生产企业发布面料流行信息；最后为6个月前由成衣制造企业发布服装流行趋势信息。

### （二）国际纺织品服装流行趋势发布的时间

法国巴黎的高级定制时装周的春夏季和秋冬季高级女装发布会分别于每年的1月、2月和7月、8月举行；而巴黎、米兰、伦敦、纽约、东京五大时装之都所举办的春夏季与秋冬季纺织品流行信息发布与展示，是在每年的3月、4月和9月、10月，举办的过程中还会将春夏、秋冬的高级成衣发布会同时举行。

### （三）展示、订货、销售、流行

服装周的主要参与者有成衣设计师、时尚杂志编辑、服装新闻记者、宣传媒体、经销商与明星等，他们对不同风格、造型、色彩、面料的服装设计以不同的角度地观赏，并非常注意细节部分，再从流行趋势发布会中所提供的丰富信息进行选择。时装周后，各级成衣博览会、展示会、大众品牌订货会等等相继举行，通过各种途径将流行服装推向市场，以实现流行。这其中成衣设计师是为服装设计中所透露的信息，寻求某种灵感，再将其提炼与概括进自己的设计中；新闻媒体的记者则是对服装设计的信息进行流通与宣传；经销商是为市场营销做好准备，在所掌握的流行信息里选择商品；而明星的效应则能够轻易带动并引领流行趋势，为时尚流行起到一种推波助澜的作用。

### 三、传媒

报纸、杂志、电视及网络是对时尚进行传媒的主要方式，他们对人类时尚生活中的服装、时尚、财经、明星、影视、音乐、健康、娱乐、新闻、旅游、母婴、餐饮、娱乐、文化、商业、人物、运动等各个方面都有所涉及。其中时装杂志、广播影视和时装展示是帮助服装设计进行的时尚传媒方式。如今随着网络传媒与数字媒体的大力发展，服装时尚信息的传播速度与范围极大地拓展，并成为主体传媒方式。

# 第四节　影响服装变化与流行的因素分析

服装变化与流行受很多因素影响，其中外部因素和内部因素是多数因素总结出的两个大类，以及同时具备这两项大的因素的其他因素。它们对服装的变化与流行的影响都拥有各自的特点，以不同的内容与形式呈现，但他们之间往往又相互渗透，相互作用。因此服装变化与流行的影响因素具有多样性与复杂性的特征。

### 一、外部因素

外部因素是指在自然环境和社会环境等因素下大环境中对服装变化与流行的影响，具体如下。

#### （一）自然环境

服装的设计应首先考虑到环境因素，这也是对服装变化影响最大的因素，如在相对稳定的自然环境中，服装的风貌形式并不会产生太大的变化，因此可以说自然环境的变化会导致服装的更替与变迁。

1. 气候

衣服在气候的变化中起着遮寒护体的重要作用，如处在极寒地区的爱斯基摩人，因所处的环境对服装的保暖要求极高，服装呈现出厚重的风貌。而非洲则处于热带地区，服装的御寒功能被降低到极致，只作用于基本的护体作用。在其他地区气候的更迭交替产生出较大的变化，气温的差别较大并以季节进行划分，这时候服装就以会以一种周期性且有规律、有依据的产生更替变化。

2. 事件

在事件当中有一类突发事件，如同气候的变化是人类所不能控制的，它所带来的是现有的生活秩序的被打破，从而使得服装也随之产生变化。例如2003年爆发的传染病"非典"，使得为防止病毒传播的口罩、兜帽、连身裤、松紧带等服装服饰流行起来。再如美国的"9·11事件"，人们在灾难中为进行祈祷与哀悼，使得十字架装饰、白色花结、破损空洞肌理效果的面料和黑白色的服饰成为流行的主流。

3. 环境

人们的生活中会经常接触各种各样不同的场合，它依据地域文化对人们的着装有着不同的要求，同时现代信息时代地发展速度加快，使得交通也更为发达，人们在工作与生活中以更快的方式在不同的场合间进行切换，因此对服装变化有较高的要求，同时对其有较大的影响。为满足这一对服装有多变的需求，并使得服装呈现出多功能以应对场合的变化，将服装的流行与多功能相结合就成为设计的一项重要要求。

4. 穿着者的相貌特征

在自然因素中人的不同相貌特征对服装流行变化所产生的影响最小，但服装设计所需要的高要求却能够使其产生较大的影响，并且在时尚流行中还能起到一定的修正作用。其原因是服装的色彩需要依照肤色进行转化，以辅助配色运用，否则会造成颜色的不协调，服装所具有的美化功能就会大打折扣。

（二）社会环境

在服装发展过程中，一度以政治、经济、文化、科技、战争、社会的变迁使得时代下的社会思潮与传统习俗随之改变，服装设计也随之经历了多次且较大的改变。因此，可以说社会环境的因素对服饰的流行变化是除自然环境外起到最关键的、直接的影响。

1. 政治

18世纪法国的大革命将君主统治的时代结束，贵族化的风格服饰随之被希腊的自然风格服饰所取代，形成了一种以新古典主义风格的服饰为主时代。同时，贵族中所流行的其膝短裤也随之被抛弃，劳动阶层的长裤登上服装历史的舞台。中国清代初期，为推行清朝的服饰，颁布了"留发不留头，留头不留发"的政治措施。由上述可见，政治对时尚有直接且巨大的影响。

## 2. 经济

时尚是建立在一定的经济基础以上的，只有满足了温饱并且有一定的经济基础，才会追求时尚。而服装的流行在经济的影响下会形成两个方面的反差，即经济的富足与贫乏。前者对服装有推动作用，而后者则会制约服装的发展。如第二次世界大战期间，战争使得当时时装最为领先的法国受到经济的制约，随着著名的时装设计师、摄影师、时装模特纷纷离开而失去了世界时装中心的风采与地位，而富足的美国正是因为这些追逐流行时尚的人们的聚集，而成为当时世界上最大的时尚中心。其次，经济与时尚还存在着流行的规律，这主要表现在服饰的款式长短上，即经济越贫乏款式越长，经济越富足款式越短。如 20 世纪 60 年代，在经济繁荣富足、科技突飞猛进时，"迷你裙"得以迅速流行，至 70 年代后，因为石油危机所引发的经济危机，下垂的长裙则成为流行的主流。

## 3. 文化

文化是人们在长期的创造中所形成的一种社会现象，是一个国家、地区和民族的历史、地理、风土人情、传统习俗、生活方式、文学艺术、行为规范、思维方式、价值观念等所有的历史现象的一个沉淀。因此它也具有多种形式，如西方的基督文化、中国的儒家文化、主流文化、少数民族文化等，相互作用也相互影响。时尚流行实质上是文化现象的体现，它将文化的社会性、区域性、历史性等特征直接反映出来。文化对流行特征的影响最为突出的是在 20 世纪 60 年代，由大众文化开始崛起，一度对流行产生重大的影响。在如今这个信息化的时代，文化仍然被当作时尚流行中一个重要的参考因素。

## 4. 科技

服装设计中材料的创新、功能的改进、制衣技术的提高、信息传播的速度加快等多个方面都是由于科学技术的不断发展的支持。太空服、彩色棉、数码印花等都是基于高科技功能实现的。如今，计算机技术的高速、高度发展，更是彻底颠覆了一直延续下来的服装的制作方式，如计算机 3D 打印技术在时装 T 台中的出现，使人们为之震撼。由此可见，科技对时尚流行的影响有目共睹。

## 5. 战争

在政治因素中也有战争对服装设计带来的影响，但除这种强制性改变的性质以外，在战争中服装的简洁与更适合活动的需求也成为服装设计中的一项重要依据。而且，战争带来的政权的交替与社会的变迁，各个国家、民族、地区的服饰文化得到交流与融合，军事化的服装中的功能性也随之向大众化转变。例如海湾战争中曾一度引起阿拉伯服饰风格的流行；堑壕风衣、文艺复兴时期的衩口装饰、西装上的袖衩纽、中山装等都是由战争与社会变迁中设计而来；在以部分军装风格的服饰进行改造，也能成为流行的时尚。

6. 时代

人们的审美观、价值观和生活观随着时代与社会思潮的不断变化而变化着，服装流行时尚的步伐也在不断地变换中呈现反复流行的趋势，如高级成衣、反时尚潮流的出现，牛仔裤、T恤衫、休闲服等在正式场合的出现，比基尼的流行与内衣外穿成为一种时尚等，都表明了时尚的变化与时代的变化、社会思潮的变化密切相关。在信息时代，信息的传递与传播、购物、生活与制衣的方式都产生了变化，相比传统使人们对着装的观念能产生更为深刻的影响，这也是新时代服装设计所展现出的全新的面貌。

7. 习俗

在信息高度发达的今天，时装设计的节奏也在快速的变换中，如何寻求灵感成为设计师们关注的首要问题。而传统习俗的服装设计当中就有这样积极的一面，它所包含的民族传统服饰风格、制衣方式、穿着习性等都能够为设计师提供创造新流行的灵感。但传统的民俗服饰的区域性、抵制性、制约性、原始性也制约着流行服饰的创新。只是这种消极能够从一定程度上的改变将其从原始的状态中趋向流行发展，从而使其具有流行意味的可能。因此，传统习俗与风味能能够成为一种流行品牌，并赢得消费者的认同。例如 Dior 品牌在 2007 所推出的同造型的时装包 Saddle Bag 却在纹饰风格上做出不同国家与地区的风格，以满足不同民族传统与风俗的融合，迎合当下不同的人们对时尚的喜好与追求。

## 二、内部因素

服饰以人为服务对象而被设计并制作出来的，服饰的设计要满足人的心理，因此可见心理因素对服饰的流行起到的作用。而人对于服饰流行的"喜新厌旧心理""爱美心理""权威性格与从众心理""虚荣心理""炫耀心理""排他心理""怀旧心理"等心理因素密切相关。这其中对服装的流行能够达到规模化高潮的是权威性与从众心理，其他心理则为服装流行的基础。

### （一）喜新厌旧心理

喜新厌旧作为人们的本能性心理反应，在时装流行的角度上来看，对流行的崇尚与追求就是最本能的体现。从很大程度上来说，实创创意产业得旺盛就是基于这种心理，尤其在年轻群体中则体现得更为明显。而最能体现出喜新厌旧心理的行为是对服饰的时兴、价格的区别，与其他奢侈品的区别同样如此。

### （二）爱美心理

与喜新厌旧心理一样，爱美心理也同样是人们与生俱来的一种本能的心理反应，也同样是时装流行产业产生和发展的驱动力。自古以来人们想尽各种办法追求美丽，如西方的紧身胸衣、中国封建时代的裹小脚甚至穿鼻割肤等不惜伤害身体的极端现象都是在这种心理的驱使下而产生。这种爱美心理所追求的是人们基本的审美心理，如经典美、巴洛克和洛可可艺术美、中国的传统美等，它们存在着地域、个性的审美差异，还存在着时尚美，并且随着时代的发展，人的审美观念也在不断变化，从而使时尚的流行受到影响。

### （三）权威性格与从众心理

权威心理与从众心理是人们对成功人士、权威人物以及大众普及事物的一种崇拜和模仿心理，并且权威与普及程度也都有所差别。而从服装流行的轨迹中，我们可以看出他们差异与各自的特点。时尚潮流就是人们随着权威人士、名人、明星等进行跟风而形成，随着越来越多人的加入从而形成某种潮流。

### （四）虚荣心理

人们对生活与消费的需求在虚荣心理的作用下不断提升，这在时装流行中促使了流行的诞生、发展与生活水平、消费水平得到提升。

### （五）炫耀心理

为树立自己的良好形象，被人们所关注、得到夸奖、成为被羡慕的对象，人们会以炫耀的方式来获取，这种需求是人们的虚荣心在某种程度上需要的满足。炫耀心理在时尚流行中的作用主要是刺激人们走在时尚流行前列的欲望，在消费名牌产品的过程中，同时炫耀时尚流行信息，促使这种流行得到传播，并吸引更多的人加入并了解。

### （六）排他心理

排他心理与其他心理不同，它有两种表现方式，即炫耀与嫉妒。前者主要是通过比较来实现，后者则是一种玉石俱焚的心态。在时装时尚流行中所带来的作用也不同，前者有促进与推动的作用，而后者则会使得时装时尚的发展受到消极影响。

### （七）怀旧心理

怀旧心理在时装时尚流行中会使流行趋势出现一种反向作用，即是将以往的流行款式以一种新的姿态重新展现在人们眼前，以形成一种全新的潮流趋势，这对时尚流行起着十分重要的推动作用。例如文艺复兴早期、19世纪帝国时代、20世纪初以及之后很长时间内希腊服饰都曾出现了反复的短时间的流行，这就是人们基于怀旧心理而产生的一种流行趋势。而在工业化生产模式为主的现代社会，在高速度、快节奏、强压力的生存现状中，流行趋势也加快了脚步，时尚的更迭使之需要更多的灵感，这是怀旧就成为灵感的主要来源，以对怀旧的款式进行深入的关注、研究与挖掘来产生新的流行趋势。维多利亚风格、洛可可风格、新艺术风格、装饰艺术风格、希腊风格、拜占庭风格以及20世纪各个时期的风格元素在近10年的短时间内就反复成为流行趋势，轮流上演，这充分体现了怀旧心理在时装时尚流行中的积极意义。

### 三、其他因素

其他因素包括外部因素与内部因素，它们相互关联又相互作用，所反映出的是人的个性环境。这种力求个人个性化的体现促使服装时尚流行朝向两个方向发展，即能够体现个性的会受到追捧而流行，对个性体现不明显或无法体现出个体个性的则会被淹没。

性格、偏好、气质与文化背景是个性环境的四项主要内容。而为了高级定制时装所针对的消费群体与成衣品牌所针对的消费群体所制定品牌定位，从不同的范围与层面来观察其概念也不相同。类属于同一个消费群体的成员往往在这四项主要内容里类似点较多。由此可见，消费群体是个性体现大的层面，然后才是个人的个性化差异。

## 第五节　时装流行趋势主题的确定与表达及其案例分析

"当故事性、娱乐性成为商品的终极需求后，设计师仅仅画出美观的设计图已经远远不够，唯有认真地'讲一个故事'，让最终使用者感到无以复加，这样的设计才算成功。"是美国设计界的"趋势猎人"马特·马图斯（Matt Mattus）所撰写的《设计趋势之上》中指出的。由此可见，一个迎合消费者口味与令消费者感动的"故事"会使消费者产生消费的欲望。

## 一、流行趋势主题的确定

调查、分析和预测是流行主题趋势确定的前提。预测在确定主题的内容的过程中已经进行了梳理和归纳，但长期与短期的差别、清晰与模糊的区分、各种可能性的推测等都有相当的丰富性和复杂性，因此对于流行主题来说，预测只是对素材进行孕育，而真正确定还需要对预测的内容进行提炼。由此可见，真正确定主题，要从三个方面入手。

### （一）主题方向确定

总体流行趋势的确定得益于主题方向的确定，它是以时尚流行的内容进行预测与综合概括来形成一个"故事"的基本轮廓。流行趋势在每个季度中都会推出 3~4 个主题并加以表现，但推出的主题方向要具有高度的典型性、概括性；各个主题之间又要能够反映出与主题方向紧密联系的时尚流行的总体趋势、不同程度的差别性、主题方向的前卫性以及受众的群体性。以简洁的语句、关键词、草图及图片等将主题预测的内容进行聚合，在通过合并同类项的方法进行预测内容的提炼，最后在将所编撰的故事的角度、受众的角度对主题的方向进行提取与调整。

### （二）主题名称确定

主题的名称的确定要概括主题总体的各个方向，与主题方向的确定类似，是将典型性与概括性的需要对各个主题的故事框架进行勾画。由于是从同一个主题方向衍生，因此要从不同的方向与角度对主题进行表达。对主题名称确立的意义在于它不仅有助于主题思路的扩展与集中，还能使研究者在不断地被提醒中保持主题最原始的灵感。在主题无法准确确定的情况下还可以采用一个大概的名称或以主题思想的形式来进行指导，又或者将所要表达的主题内容先确立下来，这个过程可以使得由内容进行更全面而深入的理解，从而确定主题名称。

由此可见，主题的名称是对主题内容进行的艺术凝练，它将流行主题的内容准确而无误地、完美地表达出来。一个好的主题名称，还能使受众的感官得到激发，以促进他们的兴趣和向往。其次，确定名称时还可以通过以下技巧来达到更好的效果。

1. 新颖奇特

"迷花沾草的春季风"是 2014 年早春女装流行趋势的主题，其新颖而富有感染力的名称在当时受到很多观者的注意力。因此，新颖奇特的主题名称能起到很好的吸引观者注意力的目的，而新意—新颖—奇特又是这种特别中的三个阶段，其中以奇特最为高深。但是这里的奇特不是怪诞或晦涩，而应该具有绝妙的感觉。在当今信息化时代，保证名称的奇特性，还可以以突显时代潮流气息，以此来拉近与大众时尚群体的距离，如适当地借用时尚网络用语等。

2. 清晰明了

为使观者能够对主题一目了然并且读起来朗朗上口，以便与时尚流行地传播与尽可能长时间地流行，一个清晰明了的名称不可或缺。一般 4 ~ 6 个字之间的主题最为适宜，而作为主题，又必须是对内容高度而全面概括下的提炼。

3. 美妙动人

故事应该具备美妙动人的特征，而向人们讲述美好故事即是主题的主要意义。在时装时尚主题中，为使得主题的名称能够激发观者的向往，可以以一种带有魔力的感觉来确定，如将"星际"比作"撒一把星空"、将"怀旧"比作"纯真年代"等。其次，在除以文字的体现上外，还可以利用故事感的表现将主题带入故事当中。例如 2013/2014 秋冬时装流行趋势中法国巴黎的娜丽罗获设计事务所就推出了以"城市四幕剧"为总标题的主题，它以丰富的故事感，将主题分为"堡垒精神""朴拙之美""妙趣肆意""暗夜幻境"四幕，其动人之处深深抓住了观者的兴趣。

4. 相互协调

流行趋势的主题在每一季度中都是以系列的形式推出的，一般为 3 ~ 4 个。主题之间都有各自的特色，它们共同组合形成一个流行趋势发布的整体，因此主题之间要有很好的协调性。协调的方法可以采用大小、字体、构成、笔法一致的文字构成，也可以以对比、对仗等语法构成。

## （三）主题内容确定

一般情况下，在主题确定后即可进行主题内容的补充，它是根据主题的框架与流行预测内容为依据，从主题的故事板面来选取色彩、图案、面料、款式造型、细节、配件、妆容等进行组合构成来对主题进行具体的确定。主题内容的方式多种多样，而选择出一个内容方向来对主题进行典型性的处理，可以使得主题的效果与目的更为突出。

## 二、流行趋势主题表达

文字和图像画面这两种形式的构成是流行趋势的主要表达方法。其中文字主要是对设计主题名称及主题内容的氛围、色彩、图案、面料、款式造型、细节、配件、妆容等进行描述与勾勒。而图像则是引起观者注意力及兴趣感的主体部分，因此，可以说视觉交流是流行趋势主题表达方式，要想使得主题的表达尽可能专业化、有条理、干净、准确、清楚、恰当、有感染力和视觉冲击力，对流行主题画面的把控与有效展示至关重要。

## （一）文字表达

文字对主题的表达主要从三个方面进行，分别是主题说明、主题内容以及文字形式。

### 1. 主题说明

主题说明是以提纲的形式将主题的内容加以高度概括后的文字表达，可理解为故事的简介，因此很重要。

主题说明即我们通常所说的故事简介，它是将以提纲的形式对主题的内容进行高度的概括后的表达，尤其是在于图形表达相比较的情况下，它在清晰、简洁、明了的组织后，可以以高度的理性化、条理化和明确化使观者能够对故事情节进行快速且全面的了解，并且便于记忆。

例如"冥想"这一主题"对当代社会的厌倦促使新式宗教的出现，以个人健康发展为主的冥想主题，重新诠释体积与纹理，言简意赅的美学概念。自然纹理纤维与有机提花奠定雅致、简单的生活方式。地层肌理与复古织物打造诗意的现代工艺世界。受到贫穷美学的影响，干皱的手工制作与蕾丝归入生活必备单品中"由中国女装网登出的"NellyRodi2015春夏女装流行趋势预测"以文字说明的方式提出。它将具体的内容以简洁洗练、一目了然、形象而生动的特点表达出来，使我们可以清楚地从中领略到该主题的总体面貌。

### 2. 主题内容

以色彩、面料、造型款式、图案、细节、配件及妆容对主题内容所反映的思想进行构成。它们多以小的标题或作为关键词出现，是对图像画面以极为简单但又能全面概括的文字介绍。

### 3. 文字形式

文字的形式表达则与图形表达方法相类似，是以文字的字体、大小、粗细、色彩等的方式按照不同的情况表达流行趋势的主题风格，都比较重视艺术的视觉效果，原则上需要保持醒目、适宜及美观。

## （二）图像表达及案例分析

图像画面表达就是用视觉代替语言来对流行趋势主题以更直观的方式进行的表达。它与文字为让观者记住主题故事要点的表达方式不同，而是利用氛围、色彩、面料、图案、款式与造型、细节、配件、妆容等方面分别进行再经过组合，起到吸引和诱导观者进入主题故事的作用。

1. 氛围

在以图像表达流行趋势主题上，氛围的营造可以向观者直接展现流行主题的视觉画面，给人的视觉感官一种直接冲击从而吸引观者的注意力和兴趣感，并且效果十分显著。但第一印象的好坏往往决定观者对整部作品的整体感觉，其中第一印象的好坏由来源于氛围板制作的质量。因此，要设计出一个主题鲜明、形式美感强烈的理想氛围板，必须始终抓住流行主题的基调，并根据氛围板的设计构思或灵感并围绕主题展开，具体如下。

（1）将主题关键词进行列举并对流行主题进行集中强化思考，以引发灵感。

（2）寻找与关键词相应的图片或利用草图将理念与构思进行拓展，其搜寻的范围可以涉及与主题密切相关的场景、腐蚀形象、建筑、艺术、生活状态、生物、生活用品、标识性图形、物件等，应尽量宽广丰富。

（3）在选取并形成一系列的图文素材后，还要进行素材之间的比较与评估，以挑选出其中与流行主题最为贴近，最能具有代表性、标识性与表现性的素材作为典型。

（4）将选取的典型素材进行组合排列，选取一个典型素材作为整体背景，要求能够确定主题的基调氛围，然后再依据整体效果来对图片进行虚化处理的调整。其他典型素材则放置于背景画面上，以有机地排列进行组合的同时，将主题标题和高度概括的主题文字说明进行匹配，从而形成一个完整的氛围画面。为了制作过程中能够随时依据自己的需要而自由便利地对素材进行色彩、位置的调整以及缩放，可以通过计算机的绘图软件或PPT软件进行制作。

（5）在增强主题氛围的视觉感染力上，还可以通过对典型素材的组合本身所产生的某种色调的倾向来对整体加以有意识的色调强化从而实现。

（6）在整个氛围板制作完成以后，要以主题来对氛围板的效果进行检查，主要是为了确定氛围板的制作与主题是否达到一种鲜明、形式美感强的目的，对不满意的地方要进行调整，以达到最佳的氛围效果，至此氛围板的制作才算最终完成。

"酒瓶""台球桌""钞票"是地下酒吧所共有的典型的元素，在2014牛仔流行主题之一的"地下酒吧"主题中（图2-5-1），设计者就以这些元素的"集聚"和"强调"的手法将这些元素集中并加以艺术化的表达营造出浓郁的主题氛围。

图 2 – 5 – 1 "地下酒吧"流行主题氛围表达

2. 色彩

主题流行色彩是在主题内容阶段确定以后进行的步骤，并且在进行前就应该对色彩的选择有明确的概念和指向，以便于色彩更为充分地表现出主题内容。

（1）色彩所要表现的主题应足够鲜明、整体，并富于艺术的形式美感的特征。要达到这个特征，可以使用类似于氛围图效果的色彩效果图形画面来表达，只是在这里只着重强调色彩的变化。同时还要注意避免使用与选好的主题色彩不协调的意象。通过以上的步骤不仅能够使主题的流行色彩的表现更具形象化和感染力，还能避免总体效果的减弱。

（2）国际中通用的专业色卡可以对流行色进行标注，使流行色彩可以从色彩组中轻易地提取出来，也为色块或面料色卡的形式成组、有秩序地排列等能够更为轻易地实现（图 2 – 5 – 2）。被公认的国际色彩标准语言的《潘通色卡》（PANTONE）及国家标准纺织色卡（CNCS）成为对色彩进行标注的选择最多的方式。而有秩序地排列，是指色相、明度、纯度或色彩的组合依据实际主题流行色调的情况进行的选择，是能达到理想的预期效果的一种方式。

（a）

（b）

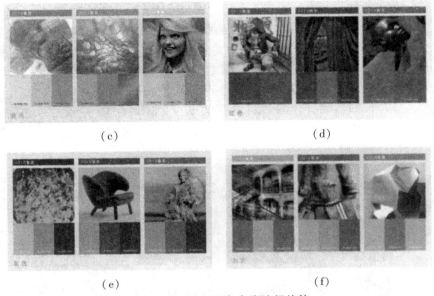

（c）　　　　　　　　　　　　　（d）

（e）　　　　　　　　　　　　　（f）

图 2-5-2　2014 年色彩流行趋势

3. 面料

主体面料、辅助面料和特殊装饰效果的配料等是主题流行面料的主要组成部分，它们应与表现出与主题面料的色调相仿。这些对面料的着重考虑，可以使得主题面料得以以最佳的表现方式呈现出来。

（1）背景气氛的融入可以对面料的主题意境进行很好的烘托效果，因此营造背景氛围是体现主题面料的一项重要辅助措施。但在进行背景烘托时，要注意弱化和虚化的必要处理，以确保主题面料始终保持主角地位。

（2）面料作为一种实物，当它真正呈现在人的面前的时候，给人的视觉与触觉的感官体验完全不同。因此，在作为流行面料样本使用的时候，将实物的面料贴附于画面上，可以起到更为直观的效果。另外，由印刷得来的面料画面可以通过数码图像的形式加以运用，对面料的肌理效果进行模仿绘制，也能达到一定的、逼真的视觉效果。

（3）由背景画面所衬托的流行主题面料都呈现出具有锯齿形边缘的样块，它可以使面料在背景画面中形成较多的排列方式，并呈现出特殊的排列效果。这种锯齿形的边缘由一般的花式剪刀进行裁剪，在进行组合时在保持整体有序而富有变化的形式前提下可以随着主题风格特点的不同而随意排列，也可以将织物的样片与服装设计草图放置在一起进行表达。但最终的主题面料必须要得到充分的表现。

（4）主题流行面料中的其他辅料与配饰等是在排列组合的过程中加以

应用，并将辅料与配饰的特点有意识地表现出来。

高清晰的面料照片可以对面料的组织结构和肌理效果进行充分的表达，在配置人物着装效果图和简练的文字说明后，还能够强化出主题面料的风格特征。在2014年秋冬男子"田园之美"主题流行面料中（图2-5-3）就以这种方法对面料加以表现。另外 WGSN 推出的 2013"黄金时代"主题中，就将面料、辅料和配饰材料等的结合，以对主题流行面料进行表达。在该主题中，对流行面料进行表达的同时，还使得色彩也起到了一定的渲染作用，如图2-5-4所示。

田园之美
亚麻、帆布和麻纤维织物为单品营造出十分纯正的手感，高雅的设计让纺织的传承之美以及不足之处都表现得淋漓尽致。

**图 2 - 5 - 3　2014 秋冬男子"田园之美"主题面料表达**

（a）　　　　　　　　　　　（b）

（c）　　　　　　　　　　　（d）

（e）　　　　　　　　　　　　　　（f）

图 2 - 5 - 4　WGSN2013 "黄金时代" 主题面料表达

4. 图案

对流行主题风格特点的把握是主题流行图案表达的基本思路与基本原则，它是通过对最合适的形式美的表现方式的寻找来实现清晰、准确的流行图案的展示，并营造出主题意蕴的理性效果。在表达主题流行图案的过程中应注意以下两点。

（1）图案的特点是本身就具有比较强的视觉完整性，因此对其做过多的强调处理反而会导致总体效果出现混乱，从而使得服装的板形和款式达不到预期的理想效果。

（2）对服装的直观表达可以由图像的形式作为辅助。

2014 年春夏 "女装航海度假" 的流行趋势主题系列印花和图案对整体的表现和分项表现形式中，就有选用了主题背景图案，对穿着几何纹样服装的人物加以衬托，凸显主题的设计出现（图 2 - 5 - 5）。同时还有直接以着装人物的形式表现配以提取出来的纹样特征的设计（图 2 - 5 - 6）。

图 2 - 5 - 5　2014 春夏 "女装航海度假" 主题图案表达

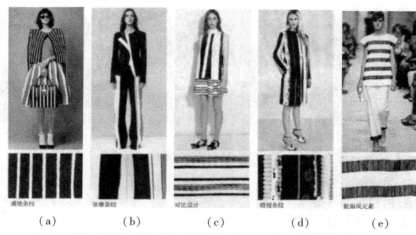

|(a)|(b)|(c)|(d)|(e)|

图2-5-6 2014春夏"女装航海度假"主题图案表达

**5. 造型与款式**

款式与造型分别指服装的具体的样式和廓型,是两种不同的概念。但两者间的关联又十分密切,如款式是依附于廓型中的,而又可以作用于服装廓型,而使得廓型的外观呈现出不一样的形态。

(1)以简洁的文字或几何造型图是造型表达中常常运用到的,其次它还可以通过对X、H、A、Y、O、T、S等英文字母的形状模仿来表达。

(2)为保持服装效果的形式更为生动,服装款式与造型表达相融就显得尤为必要,这主要是由于服装款式的造型表达比较抽象,缺乏亲切感和实际着装的形象感。

(3)服装效果图、服装平面款式图和成品服装等方式都可以将服装的效果表达出来,但所选取的素材必须清晰、明确,并且将服装的主题特点强化出来。

(4)在造型与款式的设计过程中,以绘画的形式进行表达可以对服装流行预测有一个明确的方向,创新与设计感也较强。将其直接放置于对服装形式的表达,可以使得服装的可视性好。此外还可以根据实际情况作多种选择(图2-5-7、图2-5-8)。

**6. 细节**

服装的流行中有突变演进和循序渐进两种形式,但在前者在实际中运用较多,它在渐变的过程中起着十分重要的作用,甚至决定了服装是否能够成为流行的焦点,因此可以说细节是流行主题的重要内容之一。款式细节、装饰细节和工艺细节是细节的三大类,其中款式细节指西装M形缺口翻驳领、偏门襟等;装饰细节是指流苏、封口和蝴蝶结等;而工艺细节则

图2－5－7　主题造型、款式绘画形式表达

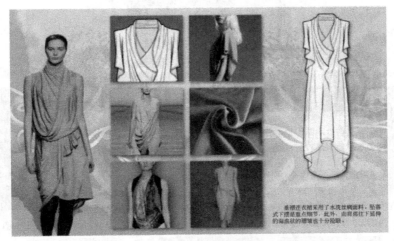

图2－5－8　造型、款式与着装效果图

是花饰开袋、封口细节等的处理。对主题细节的表现一般采用放大、强调的手法来对流行细节的面貌凸显。细节在着装中的实际表现也可以起到辅助作用。为加深观者对主题流行细节的认识，还需要配以间断的文字介绍。

在细节设计案例中，就有对主题款式的细节特征的提取，以平面构成的形式将其有机地组合，并配上间断的文字进行说明，从而形成了一种完整而精致的对主题细节进行很好表达的版面。另外，将主题服饰细节直接剪切放大，并以同尺矩形平铺的方式排列，简短精练的文字配以说明的案例，也可以对主题的细节进行直观性、突出性的表达，并突显出主题细节流行的特点（图2－5－9、图2－5－10）。

图 2 - 5 - 9　主题款式细节表达

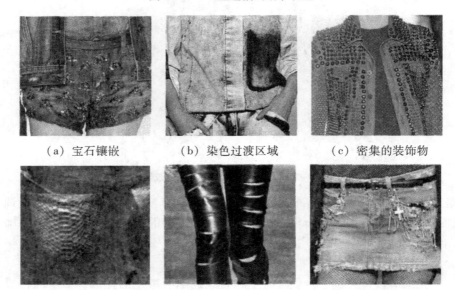

（a）宝石镶嵌　　　　（b）染色过渡区域　　　　（c）密集的装饰物

（d）蛇皮纹理口袋　　　（e）狭缝细节　　　　（f）链条和吊坠装饰

图 2 - 5 - 10　主题服式细节表达

7. 妆容

流行妆面的内容会在完整而精细的主题画面表达中体现出来，它以更全面、更精致的方式加深观者对流行主题的了解和感受，以此来强化主题风格，并使主题中的其他内容保持整体性（图 2 – 5 – 11）。

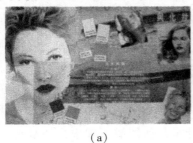

（a）　　　　　　　　　　（b）

**图 2 – 5 – 11　"出水芙蓉"及"金枝玉叶"主题发饰与妆容表达**

# 第三章　服装风格设计

所谓的服装设计风格就是服装设计本身所能够呈现出来的具有杰出代表性艺术特征的形式，这种艺术特点可以源自历史和民族服饰文化，也可以源自艺术流派或者是社会各种思潮的冲击等。

## 第一节　历史风格设计

### 一、历史文化背景

古希腊是欧洲文化的摇篮。古代希腊和罗马创造了古典文化的辉煌，直接影响了以后欧洲乃至世界文化，为人类的文明和进步做出了不可磨灭的贡献。爱琴海、地中海孕育了古希腊的航海文明。人类在希腊的出现可以追溯到公元前7000年，他们通过航海进行贸易，造就了开放的思想。在外向活动和征服海洋的特定条件下，形成了古希腊对人本身的能力的重视，这是"人本主义"精神产生的条件。古希腊"神人同形同性"的神话反映了对人的无限潜能和缺点的认识，以及希腊相对自由、开放的氛围。在公元前8到前6世纪，希腊本土形成了奴隶主民主共和制政体，政治及文化生活空前活跃，在音乐、绘画、建筑、雕塑、哲学、自然科学等方面取得很高成就。其审美观推崇自然、和谐之美。古希腊人的服装艺术形象，没有宗教的浸染，没有奢华的矫饰，简约中透出自然、质朴、优雅的美感。古希腊服装是西方古典风格的源头，对后来许多历史时期的服装产生直接或间接的影响。

如同古希腊的建筑等艺术，古希腊服饰也体现了两种成为后世规范的文化样式，即具有简朴、庄重的男性特征的多立克风格和具有纤细、优雅的女性特征的爱奥尼克风格。这两种风格相互渗透、相互影响，产生了古希腊服饰风格。

古希腊服装结构极为单纯，仅用很大的一整块长方形面料，不需裁剪，直接在人体上披挂、缠绕或系扎，风格自然。

## 二、古希腊风格审美特征

古希腊服装可以分为"披挂型"和"缠绕型"两大基本形式。前者以"希顿"为代表，后者以"希玛纯"为典型。披挂型的服装主要借助于饰针和绳带，将矩形的面料固定在人体的肩部、胸部、腰部等关键结构部位，使宽大的面料收缩，形成自然下垂的褶裥，人体在自然的服装中若隐若现，服装被赋予了一种生动的神采。不仅如此，绳带使用的根数、在服装上系束的位置和方式以及褶裥在人体上的聚散分布，可随穿着者的审美和不同的穿着需求而进行自由的调节和变化，使其呈现出灵动的个性。希顿是男女皆穿的基本服饰，因不同民族又分为多立克式和爱奥尼克式。如同古希腊建筑中粗壮、雄伟的立克柱式，多立克式希顿简朴、粗犷，具有男性美，不过男性穿多立克式希顿较少见。爱奥尼克式希顿衣褶细而多，如同修长、秀美的爱奥尼克柱式，具有优雅的女性美。

而缠绕型的服装则主要依赖面料在人体上的围裹，形成延续不断、自由流动的褶裥线条，围裹的方式不同，所造成的款式各异。同样，随意、自然、富于变化也是这类服装的重要特点。希玛纯是男女都穿的一种披风，一般穿于希顿外。没有腰带，穿着方式随意，最常见的是将长方形毛织物披在左肩，从背后绕经右腋下（或右肩）再披于左肩。穿用时伸缩自如，外出时可拉起盖于头上以防风雨，穿脱自由。除了希顿和希玛纯，其他服装样式还有男用小斗篷克拉米斯、女用小斗篷普罗斯、女用头巾佩普罗斯等。

古希腊人热爱生活，关注人类自身。在他们的眼中，人体是最高贵、最崇高、最神秘的审美对象。他们用服装的语言来歌颂人体之美。在希腊的服装当中，人体处于最自然的状态，布料与人体、主体与容体、形式与精神已达到一种高度的和谐之美。（图 3-1-1 至图 3-1-4 为古希腊风格的建筑、雕塑和画作）

图 3-1-1 爱奥尼克式建筑厄勒克西奥神庙女像柱

图 3-1-2 古希腊陶瓶画

图 3 - 1 - 3  古希腊雕塑中披搭方式的服饰　　图 3 - 1 - 4  古希腊贵族女子服饰形象

# 第二节　民族风格设计

## 一、中国风格

### （一）历史文化背景

五千年的文明使得中国传统服饰内涵深厚，形式丰富多样。夏、商、周时期，完成上衣下裳和上下连属两种基本形制。上下连属冕服上施以十二章纹，初步显露中国图案富有寓意、色彩有所象征的传统审美意识。春秋战国时期，普及上下连属的深衣制。深衣袖圆似规，领方似矩，背后垂直如绳，下摆平衡似权。

此时中国服装的直线裁剪、平面化构成基本确立。秦汉时期女装主要是深衣和襦裙，襦裙为上衣下裳的日常装。从深衣发展而来的袍服非常盛行。秦汉服装丰富、精工，受"丝绸之路"影响，出现大量图案精美的丝绸织物。阴阳五行思想也渗进了服装色彩中。

至唐代，服饰异常绚丽多彩、美艳华贵，北方游牧民族的胡服也大为流行。女装着窄袖衫襦长裙，长裙腰高至胸部，裙长拖地，而宽袖薄罗衫子则使肌肤隐约可见。受理学思想影响的宋代服饰崇尚自然、朴素，款式、色彩等都趋于淡雅恬静。宋代服饰以"背子"最为流行，背子为对襟、直领、侧开衩，整体造型简约，注重修长，又不失精致装饰，是传统女装最能体现女性美的服饰样式之一。明朝服饰北方仿效江南，比甲、长裙等以修长为美，显现儒雅之风。服饰上用吉祥图案，崇尚繁丽华美。冠服制度严谨，官服缀绣补子以区分等级。

清朝服饰是中国服饰演变过程中变化较大的时期，少数民族服饰盛行，满汉两族的服饰不断融合，产生出讲究繁缛、缀饰精细的艺术样式。服装样式主要有旗袍和袄、裙等，常用镶滚绣彩装饰工艺。旗袍为直筒形袍服，采用立领、盘扣、开衩和宽图案镶边等样式，穿着很普及。民国时期女子服饰的精华之作——改良旗袍，将直筒形转化为曲线造型。这种曲线优美、风格典雅的服饰很适合表现东方女子的独特美感，深受欢迎，逐渐发展成为我国女子传统服饰的经典。

### （二）中国风格审美特征

中国传统服饰随年代不同，其服装风格也各有千秋，但它们的特征突出表现为：直线裁剪，平面展开，宽襦大裳，并且强调线形和纹饰的抽象寓意性表达。正是这些特征使中国传统服装不同于西洋服装的直观静态美，透散出一种含蓄动态美。

旗袍是中国传统服装的代表，现代旗袍专指女性穿着的裙式服装，其前身是满族的民族服装，而且是满族男女通用的长袍。女子穿的长袍后来与男子有了区别，像在衣襟、领子、袖口等处镶上花边，四面开衩改成左右开衩，下摆从宽大的散开状改成了直筒。旗袍从外观看没有像西洋服装上显眼的省道、破缝，但仍能通过独特的内在工艺做得合形合体，做出穿着、行走、劳动方便自若的服装形态。此外由于不用省道，无挺拔的皱褶，只有自然下垂，含蓄的衣纹，人体轮廓在这种"半适体"中似现非现，宽衣袖顺势而行，临风而动，呈现出一种宛似自然界律动的朦胧美。

平和性情是中国自古以来被先辈推崇的美德。这反映在服装上是讲究随意、闲适、和谐，没有过分的突出和过分的夸张，没有刻意的造型，恬淡中给人一种含蓄、平和而神秘的美。中国传统服饰文化的温婉含蓄、优雅细致具有独特的艺术韵味，带有理性的超然、具有形与神的和谐。这种传统美具有内在的精神力量，通过造型、色彩、纹饰、肌理等具体形式呈现出来。（图3-2-1至图3-2-5为中国风格的一些服装和画作）

图3-2-1　宋代背子的展开图

图3-2-2　秦兵马俑

图 3 - 2 - 3 　《簪花仕女图》中唐朝盛装贵妇的形象

图 3 - 2 - 4　宋代背子的展开图　　　图 3 - 2 - 5　清代旗袍

## 二、日本风格

### （一）历史文化背景

唐初的妇女服装以短襦、长裙和披帛为主。短襦是一种长窄袖的短上衣，主要有对襟及左衽两种，它的裙身很高，以长带系扎。披帛以纱罗制成，用时披搭在肩上，并盘绕于两臂和腰际间。盛唐女子喜穿胡服。当时还出现了白乌毛裙和花笼裙，还普遍崇尚穿石榴红色裙。晚唐时，短襦的袖子变得宽大，并发展出对襟短袖上衣"半臂"。而宫中女子则穿对襟的大袖纱罗衫，内束抹胸，搭披帛，下穿长裙，配蔽膝。盛唐后期，袖子日趋宽大，其裙身极长。该期日本完成女子上衣下裳基本模式，当时的女服极力模仿这些唐代款式，这使日本的女子服饰从原来的简单的样式向华丽、冗繁的风格跨越。

到日本的平安时代（被称为贵族的时代），对唐的一味模仿开始渐渐转变。随着遣唐使的废除与唐灭亡，日本与中国的往来便极少，对唐的模仿也大大减弱。平安时代宫中女装主要可分为三大部分：唐衣、上衣、下裳。两国的服饰走上不同的分岔口。

平安时代后期至镰仓时代是武家的时代，从这个时期开始，现代和服的形象逐步呈现出来，它已经是有别于唐代服饰的自成特色的"和服"了。平安时代的冗繁服装到此时大幅度简化，并由上衣下裳式向上下连属的方向过渡，讲究的腰带代替了裳。到了元禄时代，随着坐垫文化发达，和服也向着不利于站立行走而适合跪坐的形式发展，下身越趋窄小统直，服装讲究精致的华丽。经过绵长过程的演变，日本服饰逐渐发展出注入了日本民族文化特色的"和服"。

## （二）日本风格审美特征

和服是日本传统文化的重要组成部分，可以说是日本的象征。和服能长期流行至今当然有着很复杂的原因。和服彰显了日本的独特气质。与西方服饰相比，和服表现了日本人的简约性。

自古以来，日本人强烈的民族意识也使得和服作为民族服装得以传承，经久不衰。日本民族还是一个善于学习和创新的民族，和服在款式和图案上承袭了中国唐朝的风格，腰带和腰包又模仿了英国传教士的服装，并且进行了日本式的改良。

色彩和纹样也是和服的主要特征。女子穿用的和服色彩绚丽、色样繁多。和服纹样的表现方法众多，有手绘、刺绣、蜡染、扎染、印花等。和服纹样具有非常强烈的民族特色和民族内涵，其纹样题材众多，有松鹤、龟甲、樱花、扇面、红叶、清海波（水波）、秋菊、竹子等传统题材，还有牡丹、兰草、蝴蝶、梅花、富士山、庭院小景等自然景物。（图3－2－6至图3－2－9为日本风格的一些画作和服饰）。

图3－2－6　喜多川歌磨的浮世绘作品

图3－2－7　古山中政《闲步的艺妓》

图3－2－8　喜多川歌磨《即兴舞》

图3－2－9　日本和服展开图

## 三、波西米亚风格

### （一）历史文化背景

吉普赛人是一个千年以来一直处于无根流浪状态的民族。他们的足迹遍布欧洲大陆，各种历史文献和文艺作品中经常提到的法国波西米亚人、西班牙弗拉明戈人、俄罗斯的茨冈人、荷兰的希登人、波兰的扎拉西人等，这都是对吉普赛人的另一种称呼。波西米亚是捷克中西部的一个地名，是吉普赛人的迁徙、聚居地。波西米亚和吉普赛虽然是两个相对独立的概念，但经常被等同起来。波西米亚人和吉普赛人都以能歌善舞而著称，尤其在艺术、服饰等方面，都有指向流浪、不羁、自由风格的共同点。

从 13 世纪前后起，欧洲大陆出现一群以歌舞卖艺为生的流浪人——吉普赛人。牲口拉的大篷车既是他们的交通工具又是他们的栖身之所。据估计，目前全世界的吉普赛人大约有 1000 万，其中 2/3 集中在东欧各国。吉普赛人在欧洲出现后，人们对他们的来历作了种种富有神话色彩的猜测。有的说他们是大西洲的遗民（大西洲是希腊传说中大西洋中一块已经沉没的大陆）；有的说他们的祖先因没有给圣母玛利亚和她的丈夫约瑟安排住处而被罚在世界各地流浪等。

吉普赛人最初在欧洲过着游牧生活，拥有多种技能和职业，如音乐家、铁匠、艺术家和舞蹈家。他们起初很受欢迎，但不久就遭到敌视。欧洲当时最强大的三种势力——教会、政府和行业协会开始排挤他们，吉普赛人最终被挤出主流社会，成为边缘群体。吉普赛人内心有着很强的民族性格，拒绝其他文化与变化，保守着内心关于流浪的一些浪漫的向往和天生特质。长期以来吉普赛人颠沛流离，他们的文化被视为穷人的自娱自乐，吉卜赛女性的着装也不能登上主流时装的大雅之堂。

### （二）波西米亚（吉普赛）风格审美特征

近几十年来，人类的科技文明以惊人的速度发展，但人类的精神面貌却空前的苍白。源于文明而来的种种异化让人类渴望"自由""自然"，欧洲浪漫主义文学时期的吉普赛女性形象，给人以心灵的慰藉和精神的充盈，人们移情于她们，寄托对理想的渴望之情。随着世界多元文化的发展，世人被这个民族吸引，波西米亚、吉普赛文化在全世界都流行起来。吉普赛女性形象之所以魅力永驻，是因为她们优美的形体、张扬的个性、自然状态的爱情观与生存意识，使深陷平庸与琐碎生活的都市人受到有力的震撼，满足着现代人的审美需求，诠释现代人的"吉普赛情结"。

近些年来，波西米亚风曾席卷时尚生活的众多领域。追求浪漫、随意、不羁和自由的精神风貌使它在当今变化万千的时尚领域独树一帜。（图 3 - 2 - 10 和图 3 - 2 - 11 为波西米亚风格的作品。）

图 3 - 2 - 10　卢梭绘画作品　　　　图 3 - 2 - 11　布格罗绘画作品
《睡着的吉普赛女郎》　　　　　　　《波西米亚女孩》

## 四、非洲风格

### （一）历史文化背景

非洲是一片神奇的大陆。非洲的名字来自古希腊文"阿非利加"，意为阳光灼热。非洲大部分民族还处于部族的状态，部族的数量可谓世界之最。由于自然环境的影响和历史发展进程的制约，非洲传统服饰艺术始终保持着一定的原始特征，并带有显著的宗教性，具有古朴、稚拙、简洁和深沉的原始气息。

非洲雕刻艺术对世界现代艺术产生深远影响。非洲木雕、铜雕那种夸张、变形与抽象的艺术造型总是唤起人们对非洲的遐想。在弥漫着浓厚宗教气息的非洲大陆上，非洲雕刻艺术历史悠久而又神秘隐晦。此外，非洲的建筑和装饰艺术也极具特色。非洲艺术具备艺术所包含的一切：美、活力、创意、道德感召、情感深度、实用性、震撼感以及幽默感。它既热又酷，既高又低，既庄严又撩人。它永远在变，总是带来惊喜。

非洲人坚信大自然中一切生物之所以繁衍生息、充满活力，完全是神灵控制的生命力所支配。他们的敬奉和崇拜，无疑是祈求从祖先和神灵那里获取"生命力"来保障自己的生存。恶劣的生存环境、原始的生活方式，使非洲人对生命本能的渴望和追求表现得十分强烈。这一观念反映在非洲服饰艺术的各个构成元素之中，借助于完整的形体、强烈的色彩和夸张的造型来体现，具有很强的感染力。

### （二）非洲风格审美特征

非洲妇女的装饰以粗犷和夸张为主要特点。在传统饰物中，硕大的各式耳环和玛瑙贝做成的项链普遍受到妇女的喜爱。昂贵的金银饰物和古老的脚镯、鼻饰等只有少数妇女才戴。非洲人的毛发不发达，妇女的头发也是卷曲的。因此，头巾和各种发式成了非洲女头发美的另一种标志。

在服装上主要由北非的埃及、西非、东非、南非这四部分组成的非洲服饰在世界范围内形成了别具一格的风格。在北非，埃及人在服装史上拥有崇高的地位，早在4000多年以前他们就穿用围系在腰间的胯裙和从肩膀一直覆盖至脚面的丘尼卡。从服装形态来看，前者属于系扎式，后者属于贯头式，两者都被后人引以为鼻祖。在西非，同样很盛行贯头式的长袍，比如居住在尼日利亚和喀麦隆的豪萨人的"布布"，都是中间位置开口扑头穿出，都是大面积的布幅覆盖全身。

而在东非，挂覆式的衣物占据了主流。无论是马赛人和索托人的巨大的披肩，还是阿肯人的在身上斜向缠裹的大幅布块，都属于这个范围。南非的装束则以系扎式和佩戴型为主。前者是用绳、线、细带等天然的或人工的线状材料围系于人体的某个局部，比较多的是系在腰部、颈部、腕部和腿部等；后者是把天然或人工的小片固定于人体的某个局部，这是一种比较原始的服装形态。（图 3 - 2 - 12 和图 3 - 2 - 13 是具有鲜明非洲风格的作品）

图 3 - 2 - 12　繁复的项圈和耳饰　　　图 3 - 2 - 13　非洲古老的面具

# 第三节　浪漫风格设计

浪漫风格的设计主要体现柔美的、文静可爱的具有女人味的形象，纤细、华丽、透明、飘逸为其特征。整体表现梦想的、非现实的、少女般的具有田园诗般的优美浪漫感。

## 一、设计要点

浪漫风格主要采用连裙装式，设计成宽松式。下摆的样式通常采用郁金香型，腰线设计以高腰身服式为主。另外，包褶、花边、褶边、海扇形绣花边、蕾丝及核桃扣等作为主要的装饰及点缀。

## 二、面料

绣花塔尖绸、雪纺绸、高纱织的细布、纯毛花呢、天鹅绒、毛毡布等是浪漫风格的常用面料。此外，绣花镂空的棉布、真丝砂洗类面料、印花桑棉绸等也常用到。

## 三、款式设计解析

图3-3-1为一组体现浪漫风情的套装，领、兜、袖口加花边为其特色。此外，利用海扇形刺绣花边以及折褶的衣兜、领子、袖口、下摆通过松紧带打褶产生效果，细腰的造型更加流露出浪漫的风情。

图3-3-2为另一组浪漫感的套装。细腰的造型充分体现了女人的曲线美，蓬松的袖型及褶边装饰的领边或袋口都洋溢着浪漫的情调。雅致的丝绒面料也体现着浪漫的特点。

图3-3-3为几款浪漫风格的外套。宽松的造型及倾斜的肩线为其造型特点，粗花呢的面料质感及天鹅绒的高贵都是浪漫形象构成的要素。

图3-3-1　浪漫风格套装（一）

图3-3-2　浪漫风格套装（二）

图3-3-3　浪漫风格套装（三）

# 第四节　优雅风格设计

优雅风格通常采用柔软的充满成熟魅力的摩登式观感的服饰，具有优雅、华美的特点，整体给人以美丽、优雅而潇洒的印象，看起来非常迷人。

## 一、设计要点

优雅风格主要采用束腰型、A 字型、披肩式及下摆的张开式，褶式、褶皱式、包褶式，但不用腰带式为特征。

## 二、面料的选择

薄毛呢、毛织品、天鹅绒、刺绣花布、绒面革、乔赛布、棱纹布、丝绸等是优雅风格服装常用面料。此外，也经常选用钩织物、刺绣透明布、乔其纱、羊驼呢、安哥拉羊绒等面料。

## 三、款式解析

图 3 - 4 - 1 是优雅风格的服装设计，采用套装的形式和束腰造型，体现苗条的曲线，优雅、迷人。

图 3 - 4 - 2 为四款优雅风格的外套，均采用收腰式并且下摆白腰部开始放大，具有裙式的效果。领型及袖型均采用简洁的式样，整体造型突出优美雅致感。

图 3 - 4 - 3 是优雅式风格的短外套，其造型风格均采用自肩部张开的 A 字形轮廓，潇洒、飘逸。

窄的短裙与上衣的宽摆形成强烈的对比。利用面料的精致、华丽或下垂感等特性来突出优雅式的特点。

图 3 - 4 - 1　优雅风格套装

图 3 - 4 - 2　优雅风格外套

图 3 - 4 - 3　优雅式风格短外套

# 第五节　运动便装风格

　　运动便装是吸取了运动服、体育装、劳动装方便活动的功能，融汇现代意识，并结合色彩、材质和廓形等细节而派生出来的服装。该类服装因其着装便利、款式不拘一格，一经出现便受到男女老少的一致推崇，深受大众喜爱。

　　图 3 - 5 - 1 为收摆的翻毛领深色外套与旅游裤装的搭配，头戴侧歪的贝雷帽，整体感觉挺拔、利落。

　　图 3 - 5 - 2 为带有劳动服感觉的斜格纹半大衣与细条纹的棉贡布裤的搭配。头戴绒线编织的短沿帽，显得舒适、朴素和随意，整体形象为工作者的感觉。

　　图 3 - 5 - 3 为长袖编织绒衫与无袖的连衣裤的搭配。无袖连衣裤本是机械工人及修理工的防污衣物，经设计师的创新，采用别致的面料，略加简化及修饰而具运动服观感。

　　图 3 - 5 - 4 为采用高领套头毛衫与连帽的双排扣粗呢外套的搭配。这种外衣原是北欧渔民穿着的服装款式，第二次世界大战中英国海军也曾采用过。这种服装具有很强的方便实用的功能。

图 3 - 5 - 1　运动便服风格着装（一）　图 3 - 5 - 2　运动便服风格着装（二）

图 3 - 5 - 3　运动便服风格着装（三）　　图 3 - 5 - 4　运动便服风格着装（四）

## 一、军装式风格

图 3 - 5 - 5 为具有军装风格的款式设计，简称军装式或军服式。军装式主要是模仿海、陆、空三军的服装特征，吸取其肩章带、帽子、铜扣、明缝线、水手领和相应的质料、色彩等元素进行的设计。军装式风格服装显示出"男装丽人"的情调，形象清新、脱俗。

图 3 - 5 - 5　军装式风格服装

## 二、冲浪式风格

图 3 - 5 - 6 为冲浪装式风格的款式设计。冲浪装式吸取了夏威夷 T 恤和冲浪裤的特色，取其精华进行提炼，体现活跃而有力度的运动便装风范。

## 三、运动场合风格

图 3 - 5 - 7 是运动型的短外套与裙裤的搭配。吸取了棒球服外套的特征，整体形象干练、利落，具有很强的运动感。

图 3 - 5 - 6　冲浪式风格服装　　图 3 - 5 - 7　运动场合风格服装

## 四、网球服风格

图 3 - 5 - 8 中的上衣吸取了网球服的特征——套头运动衣、浅 V 形领的特征，领沿处用织结绳形图纹装饰，领线及下摆用彩色粗条状物作装饰。该套服装下装搭配宽摆圆裙，头束装饰发带，颇具网球运动装风范。

## 五、球衣风格

球衣常指圆领长袖针织类套头衣（衫），正面及背面经常印有图案、字母、数字、校名及队名等。图 3 - 5 - 9 为球衣与短灯笼短裤的搭配，头戴球帽，整体具运动风范。

图 3 - 5 - 8　网球服风格服装　　图 3 - 5 - 9　球衣风格服装

## 六、骑马风格

图 3 - 5 - 10 为骑马装式的搭配，采取骑马（也称赛马）运动员所穿的服装造型特点。上衣采用小西服翻领、人字形的前襟下摆，硕肥的臀围尺寸及膝以下紧裹的马裤，配以高筒的马靴，具有健将风度。

## 七、钓鱼风格

图 3-5-11 是欧美传统的钓鱼人背心的风格,背心采用防水质料,有较多的口袋以装渔具,口袋多做成立体的凸起状以增加容量感。头戴监察员式帽子。这种搭配形成了独特的钓鱼风格。

图 3-5-10　骑马风格服装　　　图 3-5-11　钓鱼风格服装

## 八、丛林风格

简单的外衣和裤子的组合,以丛林印象的卡其色为主色,施以绿色、棕色等配色图案,显现丛林的迷彩感,故丛林装也称为迷彩装。图 3-5-12 为丛林装的形象装扮,只不过变换了色彩与图纹。整体形象似狩猎、救生装的印象。

## 九、狩猎风格

图 3-5-13 为吸取美洲狩猎者所穿的前腰束结的恤衫外套特征,搭配以印有虎豹斑纹的连裙装构成狩猎装式。整体呈现冒险、风尘和强悍的形象。

图 3-5-12　丛林风格服装　　　图 3-5-13　狩猎风格服装

## 十、风衣风格

图 3 – 5 – 14 为罩衫式的风衣风格。宽敞的上装造型与短腿的挽脚直筒裤搭配成具有旅游者风貌的形象观感。

## 十一、斜纹布风格

采用斜纹布面料构成的运动便装观感颇受人们喜爱。图 3 – 5 – 15 是采用斜纹格布面料制成的上衣与长裤的组合。斜纹布原多用于工作服，但随着着装意识的改变，人们逐渐接受并喜欢该类面料制成的服装，并通过特殊的后整理（水洗、砂洗、磨毛等工艺）使其具有独特的风格，呈现轻快、利落的形象。

## 十二、溜冰风格

溜冰风格其实并非单纯用于溜冰，冬季登山、重体力劳动也常用到，只不过其装型观感类似于溜冰装的感觉。这类服装有时作为专门的运动服用，有时作为时装成衣，有时也作为校园服装出现，图 3 – 5 – 16 为溜冰风格的款式设计。

## 十三、横滨传统式风格

横滨传统着装源于具有特点的日本横滨学生运动服的装束。其特征为短裙配合网球服、高尔夫球服及 T 恤衫，构成具有校园风格的形象。图 3 – 5 – 17 为横滨传统装式的款式形象，侧开的短裙搭配 T 恤衫类的运动型上装，颇具运动风格。

图 3 – 5 – 14　　图 3 – 5 – 15　　图 3 – 5 – 16　　图 3 – 5 – 17
风衣风格服装　斜纹布服装　溜冰风格服装　横滨传统式服装

# 第六节　后现代思潮风格设计

## 一、朋克风格

### （一）历史文化背景

进入后现代，主流文化受到年轻反文化群冲击，"朋克运动"就是其中影响较大的运动之一。"朋克"原意指流氓、窝囊废，诞生于20世纪70年代初期的英国。当时的年轻人抛弃了嬉皮士的理想主义，人人关心自己，工业危机使得他们对未来缺乏信心，不满生活现状。这种强烈不满甚至绝望的心情使得他们愤怒地抨击社会各个方面，并且通过狂放宣泄的行为表达他们的思想。宣扬"性"和"暴力"的朋克组织在此期形成。

"朋克"最早是对摇滚乐队的称呼，各种乐队流派虽然不尽相同，但其表达的思想却都是碰撞、诅咒、摇摆、亵渎神灵等。服饰特点也如出一辙——反叛，即反专统、反制度、反日渐枯燥毫无激情和意义的生活。紧随着朋克音乐而产生的朋克服饰正是在这种矛盾中尝试着各种格格不入的元素，并将朋克思想表现于现实生活中，从而表现自己彻底革命的决心。

### （二）朋克风格审美特征

朋克成员反主流时装的权威，主张"自己动手做"，把时装变成通俗艺术。在装扮上表现为激进、怪诞、低俗和邋遢，愤怒地将都市生活的碎屑（别针和垃圾桶衬里）与校服、短裙、芭蕾舞裙的肮脏碎片一起再生利用。廉价皮衣、破烂的圆领衫、军队制服、三彰、挑逗内衣，有些T恤印上一些色情、挑逗的语句，马桶链子、安全夹、避孕套、骷髅饰件等，还有光头，或留怪异发型，文身等。这些不堪入目的设计却成为市场的畅销货。朋克的叛逆、不羁形象引起大量年轻人的效仿，对主流时装冲击很大。

在20世纪八九十年代，独特、反叛的朋克风格已经汇入主流时装设计中，甚至成为高级时装的设计灵感源，主流时尚和街头风格之间相互影响，时装设计师们把朋克服装的各种元素运用于设计中，为服饰样式及潮流的发展注入新的力量。到21世纪，带有独特风格的青年亚文化中某种程度上已经成为时尚的源头之一，朋克和Hip‑Hop以及另外一些亚文化风格相互融合，被当代越来越多的年轻人所接纳和吸收。朋克的形象广泛存在于全世界。（图3‑6‑1和图3‑6‑2为朋克风格的复式外观与着装）

图3－6－1　朋克牛仔的服饰外观　　图3－6－2　初吻乐队成员的朋克外观着装

## 二、戏拟风格

### （一）历史文化背景

在《美国传统辞典》中，"戏拟"被定义为：为取得喜剧或嘲讽效果，而模仿某一作家或作品的独特风格的文学或艺术作品，即戏谑模仿、滑稽模仿。戏拟往往与反讽联系在一起。戏拟与反讽是后现代艺术表现常用的手法。后现代主义艺术倾向于无目的和无意义的虚无主义创作观，艺术和通俗之间的区分被消除，历史、现在、现实、梦幻都被放置在一个平面上，艺术家持着一种超然的态度，肢解和组合诸要素，为了没有深度，为了同传统对抗，唯有以黑色幽默方式戏谑和嘲讽传统。

戏拟体现出的感觉是不连贯的、片断式、语言模糊的，偶然、即兴等手法被大量应用，由偶发艺术开始，尤其在后现代主义时期成为普遍现象。媒体的多样化增加了艺术游戏的多样性、通俗性和戏剧性。

### （二）戏拟风格审美特征

戏拟与反讽成为后现代时装设计的典型特征。其设计思维方法简单地说，戏拟即是将既成的、传统的东西打碎，辅助于折衷、并叠、粘贴等手段的运用，加以重新组合，将原本不相干的服装片段并置在一起，赋予新的内涵。原本难登大雅之堂的，比如一些生活吃穿住行中的普通物品，此时也被引入戏拟设计。在这个过程中，永恒、真理等一切确定性的价值判断被否定。

戏拟与反讽联系在一起，反讽思维方法挑战传统设计的真理、理性观念，及权威性的设计地位，对现代主义服装的规范、正统和严肃性进行嘲弄。就像艾略特所说的"世界的毁灭只在'嘘'的一声中"，戏拟、反讽以游戏的态度极尽嘲弄之能事，以"四两拨千斤"的方式把整个世界引向虚空与无着，使我们告别历史与传统所施加的重压。在以往的服装设计中，有严肃的象征意义和代表某种明确风格的样式，但在后现代服装设计师眼里，它们只是可以借用的形式，不再具有原来的严肃、完整的意义，可以将它们戏拟、反讽，可以任意歪曲、改变、折衷、组合，从而创造出更多的并且前卫的艺术形式。（图 3 - 6 - 3 为被加了胡子的蒙娜丽莎，全面体现了戏拟的特点与风格）

图 3 - 6 - 3　杜桑的作品《L. H. O. O. Q》

## 三、解构风格

### （一）历史文化背景

解构主义是作为一种哲学思想发源于 20 世纪 60 年代末。二战后冷战对立、种族矛盾、地域冲突、环境恶化、贫富分化、价值观念混乱等现象出现，传统道德观念纷纷面临崩溃，多重价值观使人的情感无法满足。嬉皮士、性解放、女权运动、民权运动等成为回顾 20 世纪 60 年代所必然遇到的关键词。鼓吹运动、差异、嬉戏和无政府主义的解构哲学由欧洲传至美国，很快被青年知识分子所接受，并将其移接到各种领域。美国的强烈反响与欧洲大陆的思想改革运动遥相呼应，整个西方世界都沉浸在对传统秩序反叛与颠锁的激动与喜悦之中。

"中心主义"在西方根深蒂固，到现代发展到极致。但后现代的社会提供了一些不确定的知识，一个重要表现是对"中心"的彻底否定。德里达可算是激进的反中心理论的旗手，他在 20 世纪 60 年代提出解构主义，80 年代以来在设计领域形成一种风格，盛极一时。解构主义以后结构主义为背景，而后解构主义为反对解构主义而产生。它否定主体、否定历史、否定人文主义，对人、理性、科学等中心作消解，它取消了理性中心，但又确立了非理性主体中心，确立了人的非理性中心。它认为符号必须要以某种方式联系起来才组成意义，仍然是传统形而上的一种新形式。早在 70

年代，后解构主义派别的学者开始攻击解构主义理论，德里达形成了"解构主义"理论，独树一帜，影响颇大。

## （二）解构风格审美特征

解构主义设计是从解构主义建筑中派生出来的，按美国建筑家、理论家罗伯特·文丘里的话说，是一种"不传统地应用传统"。与后现代主义设计相比，解构主义设计的范围、影响都要相对小些，尤其在产品设计中解构主义风格的作品不很多，但其形式主义的明确立场和出发点是后现代设计的身份关键。Frank O. Gehry 被认为是世界上最早的解构主义建筑设计家。他把建筑整体作破碎处理，然后重新组合，形成破碎的空间和形态。设计艺术上的解构主义的意义在于它不仅是一种新风格的探索，更是在于解构主义在向正统、主流和规范质疑的同时，还致力于发现、挖掘过去的创作实践中被忽略和压制的方面，拓展了古典主义、现代主义以及后现代主义从未涉及的创作可能，唤醒了人们意识中沉睡多年的以中突和不平衡为主要形态的审美观念。解构主义曾被相当多的人认为是"瞎搞"，但究其本质来看，解构并不是解除一切，它是有的放矢的，是一种无秩序中的秩序。

服装设计领域的解构主义是"不断打破旧结构并组成新的结构的过程，在这个过程中，感觉比和谐重要，新的服装从合成过程直到欣赏过程，其意义处在一个不断流变的过程中"。三宅一生因其人体与服装新空间的创造而常被认为是解构主义服装设计的开创者。在后现代，其他还有很多设计师的设计思维方法中体现了解构思想，有的设计师直接拿一片完整的面料在模特身上缠裹，取消了结构裁剪、缝制，有的设计师把面料分割成任意形状，再组合成勉强像人形的服装，突出其对服装的艺术创意，还有的在作品上设计很大面积的洞，空洞处用线带系扎，将传统服装的结构进行分散、消解。（图 3 - 6 - 4 与图 3 - 6 - 5 为解构风格的建筑和雕塑。）

图 3 - 6 - 4　Frank O. Gehry
的解构风格建筑作品

图 3 - 6 - 5　现成物组成的雕塑

## 四、折衷混搭风格

### （一）历史文化背景

在艺术上，折衷主义被应用于吸收多种美学风格的派别或趋向的创作，这些创作如果在传统意义上不是和谐与美丽的，但至少是新颖的。

折衷主义是在哲学的领域上发展，但这种混合式的想法也影响了当时的艺术表现，例如马奈就将写实主义与自然主义的绘画方式折衷，一方面描写瞬间的视觉品质，另一方面他的题材却是日常的普通事物。这种想法很快地影响了建筑界。折衷主义一词在19世纪初被提出后，可说适时地解救了自启蒙运动以后对于新建筑风格追求的困境，从而成为当时建筑的一种潮流。基本上，一个风格可以被视为由许多不同历史时期风格混合的综合体，但是当一个风格一再地重复出现时，这个风格便成为这个时期的风格特征。因此折衷主义建筑也成为19世纪特有的一个建筑表现。

后现代主义设计运动是从建筑设计中开始的，而后现代主义建筑的主要特点之一就是对于历史动机的折衷立场。1966年至1967年，尼古拉斯·佩夫斯纳用"后现代风格"来描述建筑中一种新型的表现主义和极致主义以及一种新的"折衷主义"及"形式与功能的对立"。折衷主义是后现代建筑的主导发展的表现原则，在设计手法上运用拼贴与凑置、解构与变形、矛盾与对比、隐喻与反讽，使建筑重新获得在现代建筑中失去的象征意义与建筑乐趣，重新寻绎社会大众对建筑的广泛理解与认同。并且这种折衷思维方法和设计手法是建立在现代主义及其设计的构造基础之上的。

### （二）混搭风格审美特征

进入后现代后，正是由于中心的分散，文化连续性的断裂，传统、历史意义深度的消失，传统和现实的区别被抹去，设计样式就不必考虑历史的逻辑性和合理性，历史的样式和现代样式、破碎片段和片段可以混合、折衷，而折衷也同样导致中心的分散。后现代泛滥的资讯，以及高度发达的信息技术，模拟、复制文化，更加深这一特点。

折衷混搭风格是后现代的一个基本设计思维特征。现代主义是中心的、统一的和追求深度的，而后现代主义是破碎的、非连续的、无深度的。后现代主义设计运动从建筑设计开始，而折衷主义是后现代建筑主导发展的表现原则，在设计手法上运用拼贴与凑置、解构与变形、矛盾与对比、隐喻与反讽，使建筑重新获得在现代建筑中失去的象征意义与建筑乐趣。在服装设计上，折衷混搭风格表现为不同时期、风格服装结构的打碎和拼凑，各种来源图片碎片的混合等，营造一种表面看似随意的视觉效果。折衷混搭风格使服装设计得以拓宽，使服装设计大众化、通俗化。

## 五、回归自然风格

### （一）历史文化背景

现代工业社会以人类为中心，视其他万物为人的从属。西方工业文明给人类带来富裕的物质生活，人类中心主义使人类理所当然成为万物的中心，自然合法的主人，可以任意地开发、利用自然资源，人和自然是服务与被服务、主宰与被主宰的对立关系，自然资源为了人类的使用才有存在价值。人们在富裕、民主的工业文明中充满对美好社会不断进步的乌托邦理想。

但人类对能源、自然资源的无节制开采以及无节制的消费、浪费，终于导致了能源和自然资源的危机，生态失衡、环境恶化，现代工业文明出现危机，而"后现代情绪的背景，是现代工业文明出现的日益明显的危机"。现代人在物质上取得辉煌成就，现代主义文化片面地关注物质价值，现代人片面追求个人物质享乐，但精神领域并没有"进步"和完善，富足的物质带来精神的空虚和无意义。

人们发现，人类征服自然的进程反而使人类自身的生存受到威胁。人们原先只是看到工业文明和科技进步给人类带来的好处，忽然发现，科技也给世界带来毁灭性的发展。对于各种难题，科技也不再总是有解决的灵丹妙药。工业文明和科技也带来了战争。人们进一步开始蔑视已有的人类生活准则。人类对自身和工业文明开始进行反思。人们的世界意识、危机意识逐步加强。进入后现代，人类不再把自己看作是天地宇宙的中心、自然万物的主宰，不再信奉科学技术的无限能力，而信奉大自然的崇高和伟大，承认人类与自然万物的休戚与共。表现出回归自然、尊崇自然的情绪。

### （二）回归自然风格审美特征

后现代的反工业文明、利他主义和关爱自然也为回归自然服装设计思想提供了源泉，而回归自然、环保理念与后现代主义对人与自然的对立状态的打破直接相关。后现代主义的分散思维方法，极大影响了服装设计思想维方法。环保意识的着装成为更多人的需求，在服装领域自然出现回归自然、环保等理念的服装设计。这些设计试图唤起人们热爱自然、保护自然、关注健康的意识（图3-6-6、图3-6-7）。

图 3 - 6 - 6　自然界的色彩　　　　　图 3 - 6 - 7　森林、河水、太空
　　　　常进入服装设计作品　　　　　　　　　等自然色彩及形态

# 第七节　艺术风格设计

## 一、超现实主义风格

### （一）历史文化背景

从 19 世纪中叶开始，随着资本主义生产方式的发展，理性主义逐渐开始崛起。黑格尔在将理性发展到巅峰的同时，也为超现实主义者们提供了辩证法的思维模式。这种思维模式对超现实主义者，尤其是超现实主义画家们产生了巨大的激励作用，引导他们去打破对偶像和经典的崇拜，探索艺术创作的新路，并把表面看来是矛盾或对立的事物（如生活与梦幻、破坏与创造等）统一起来。除黑格尔的辩证法外，对超现实主义产生直接影响的另外一个哲学思想便是直觉主义。直觉主义主张反理性、反逻辑，强调无意识的力量，强调艺术与理性、道德、功利等因素的区别，强调直觉、幻象、内心世界对于艺术的意义，而这些也正是超现实主义画家后来所要努力表现的。当然，在哲学和美学思潮里，对超现实主义绘画影响最为直接和深刻的当属弗洛伊德的精神分析学说。其影响之一是超现实主义绘画对潜意识的表现，影响之二是超现实主义绘画对梦境、幻觉的描绘。

与同时期的哲学思潮发展相一致，人们对自然科学的态度也经历了一个由推崇理性逐渐走向反对理性的过程。人们突然发现过去那些看似必然的铁定规律再也不可能直接用来解释这些新学科所揭示的偶然的、变动的现象了。第一次世界大战后，在法国文艺及其他文化领域里兴起了对资本主义传统文化思想的反叛运动，其影响波及欧美其他国家。运动是由一群参加过第一次世界大战的法国青年发起的，他们目睹战争的荒谬与破坏，对以理性为核心的传统的理想、文化、道德产生怀疑。旧的信念失去了魅力，需要有一种新的理想来代替，超现实主义就是他们在探索道路上的尝试。

躬身实践让超现实主义者们发现众流派在探索表达画家主观感受的方式方法上过分着力，而忽视了对客观的人的内心世界和精神生活的挖掘，表现主体与客体、梦幻与现实、生与死的统一，才应该是超现实主义画家的追求。超现实主义是纯精神的无意识行动，运用这种无意识行动可以摆脱理性的控制或审美上的道德上的偏见，使得易受忽视的联想形式具有超现实性，思想的梦幻能自由翱翔。超现实主义的艺术家们不接受任何逻辑的束缚，提倡非自然合理的存在，梦境与现实的混乱，甚至是一种矛盾冲突的组合。

**（二）超现实主义风格审美特征**

超现实主义意在表现艺术家渴望创造某种比现实本身更真实的东西，也就是说某种比仅仅描摹所见事物更有意义的东西。20 世纪 30 年代，超现实主义的概念性思维波及了整个艺术领域，时装的设计观念受其影响发生更新和变化。同时，时装以通俗性和图解式的特征，寓意丰富、内涵深刻的特质，在超现实主义作品中起到了举足轻重的作用。

无论是在设计所呈现的意象、表现方式、运用的材料、产品的宣传上，超现实主义都被服装设计师们大量地采用。服装设计中的超现实主义是用一种特定的精神去选择设计元素，通过元素的结合来使视觉画面注入一些前所未见的东西，这些东西虽然具有充实的生命力，却没有一定的理由或明显动机，是非理性的。这种带有预示性和幻觉色彩的服装设计倾向和着装方式，表明了超现实主义与时装的融合。（图 3 - 7 - 1 至图 3 - 7 - 4 为具有超现实主义风格的作品）

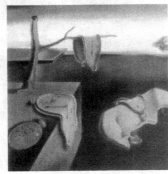 

图 3 - 7 - 1　达利作品《记忆的永恒》（局部）　图 3 - 7 - 2　马格里特作品《情人》

图3-7-3 马格里特作品《红模型》

图3-7-4 保罗·德尔沃作品《睡着的维纳斯》

## 二、太空风格

### （一）历史文化背景

1890年初，一位厌倦了现代文明的法国画家高更来到太平洋中的塔希提岛。旖旎的自然风光，原始质朴的土著民情，使他找到精神上的慰藉。1897年，高更在塔希提岛用心血完成了大型作品，用梦幻的记忆形式，把读者引入似真非真的时空延续中。这幅画的标题与众不同，是三个震撼人心灵的发问："我们从何处来，我们是什么，我们往何处去？"高更可能根本就没想过，他的发问其实是科学界公认的最基本、最有意义的问题，若转换成科学表述即是：宇宙是怎样起源的，生命是怎样起源的，人的意识是怎样产生的，人类的未来会怎样。

100年过去了，虽然在宇宙、自然和人类最基本的问题上我们仍有很大的困惑，但是，经过科学家的努力探索，宇宙、自然和人类的奥秘却不断被揭示。

### （二）太空风格审美特征

敏感的时装界也似乎突然找到了寻觅已久的设计灵感源泉，许多设计师纷纷推出具有未来感的太空风格时装。与航天相关的科技、材料、色彩及宇航服等，都成为设计师吸收的设计元素。之后，在不同的年代，太空风格依旧活跃在T型舞台上，保留了大胆前卫的时尚精髓（图3-7-5）。

图3-7-5 与航天有关的因素成为设计师的灵感来源

## 三、娃娃风格

### （一）历史文化背景

　　娃娃（洛丽塔）风格，顾名思义，是指年轻成年女性穿着的一种小女孩化的、娃娃式的服饰。娃娃风格服装最早可以追溯到洛可可时期的宫廷公主装和晚期浪漫主义及维多利亚时期小女孩风貌服装。那时出现的小女孩风貌服装造型由丝带、蕾丝、泡泡袖、卷发等装束组成，小手、小脚、细腰、平胸等小女孩的身材成为完美尺寸。之后，20世纪前期的女男孩风格、90年代的"可爱风貌"等时期，小女孩风貌一再被设计师演绎。而兼具天真和性感的洛丽塔，源自俄裔美籍著名作家纳博1955年出版的小说《Lolita》（《洛丽塔》）里的主人公。这个有着一双大眼睛的12岁少女与养父发生了一场不伦之恋。小说面世后反响强烈，被改编成各种文艺形式在全世界广泛传播。较为著名的是1962年版的电影，该剧的中文译名也极其富有诗意——"一树梨花压海棠"。LoIita带着女人孩子气、少女情怀的女人味，她那种既性感又清纯的女性形象一出现就在时尚界引起轰动，在日本掀起洛丽塔式的娃娃时装潮流。

### （二）娃娃风格审美特征

　　娃娃（洛丽塔）服饰起源于17世纪贵族间兴起的维多利亚风。在英国女皇维多利亚的引导下，流行大量的蕾丝花边、缎带、泡泡袖、蝴蝶结和束腰设计，展现十足的女性特质，塑造出高贵典雅的女性形象。后来经过一个世纪的熏陶，洛丽塔风格逐渐演变为一种成熟的穿衣风格。洛丽塔风格的发展在东西方有着完全不同的轨迹，这是由于东西方对洛丽塔风格不同的认识所致。西式洛丽塔风格总体感觉是少女表现出成熟女人的性感、妩媚及诱惑的气质。而东方式的洛丽塔服饰风格则表现出鲜明的宫廷娃娃似的特征，采用大量的蕾丝花边、缎带、蝴蝶结和束腰设计。这种风格服饰的流行要归功于日本漫画家Maki Kusumoto。20世纪90年代中期在日本的涉谷、宿原街头甚至整个大街小巷随处可见洛丽塔装扮的女生：卷发加上或黑白色系或粉色系的裙装，高底的皮鞋，挎着布质的小包，一副洋娃娃模样。所以在某种意义上，洛丽塔虽然源于西方，但真正的洛丽塔服饰风格却是由东方人建立起来的。

　　娃娃（洛丽塔）风格服饰主体年龄跨度可以较大，简言之，在女性服饰上就是运用童装元素表现稚嫩的风格。时装设计上，高腰线条剪裁、裙长及膝或膝上10厘米的娃娃装最具代表性。另外，演绎小女孩睡衣的娃娃洋装、高腰线短洋装、吊带式衬衣洋装以及天真可爱的荷叶边、抽纱的皱褶，镂空或者手工织花等，都能表现女人孩子气的一面。随着崇尚青春时尚的兴起，娃娃（洛丽塔）风格服饰在当代一再被重新演绎。（图3-7-6至图3-7-9为娃娃风格的服饰）

图3-7-6　娃娃风格服饰（一）　　　图3-7-7　娃娃风格服饰（二）

图3-7-8　娃娃风格服饰（三）　　　图3-7-9　娃娃风格服饰（四）

## 四、田园风格

### （一）历史文化背景

西方田园风格服饰的历史可以上溯到开始于18世纪末的新古典主义时期。在法国大革命的冲击下，法国一改文艺复兴以来三百年间形成的贵族宫廷式奢侈生活。洛可可服饰风格日渐衰弱，代之而起的是田园风格女装，女装的裙撑消失了，女子形体线条趋向于自然柔美，许多烦琐奢华的装饰也消失了。同时，启蒙思想家卢梭"回到自然去"的口号，更使人们向往和追求质朴的自然美和田园诗意。他的创作，以歌唱宁静悠闲的牧人生活为特点。

对于现、当代而言，田园风格服装可以被认为是对工业文明的一种反映。自 18 世纪英国工业革命以来，随着社会生产力不断提高，机器取代了手工，带来的是城市化和工业化，亦给我们的日常生活和思想观念都带来翻天覆地的变化，同时也产生了新的社会问题：人口膨胀、住房拥挤、交通堵塞、环境污染、气候恶化等；现代工业污染对自然环境的破坏，人为的灾难，高节奏的紧张生活、社会的激烈竞争、暴力和恐怖事件的加剧等，都给我们造成了种种的精神压力，使我们不由自主地向往精神的解脱与舒缓，追求平静单纯的生存空间，向往大自然。

**（二）田园风格审美特征**

反映在服装设计上，田园风格既反对烦琐的矫饰，也反对工业化的单调，而是追求一种纯朴、自然的美。从大自然的景物当中汲取设计灵感：植物、花卉等是其主要的图案来源，碎花、花朵、碎褶以及层次感的花边等是常用的装饰；款式自然随意，以宽松、舒适为主，而材质方面，主要选取环保的且皮肤触感舒适的棉、麻等；色彩方面，则往往以朴素、怀旧感为主，或显出一种淡泊的华丽。（图 3 - 7 - 10 和图 3 - 7 - 11 为具有田园风格的服饰）

图 3 - 7 - 10　田园风格服饰（一）　　图 3 - 7 - 11　田园风格服饰（二）

# 第四章　服装款式设计

随着人们生活水平的不断提高，对于着装的要求与品位也在逐渐提高，追求不同服装风格以展现自我的个性化需求越来越明显，基于这种趋势，服装设计的重要性越来越明显，它是服装款式设计师将这些人们的需求得以体现的重要手段与方法。

# 第一节　服装款式构成的要素

## 一、衣领

### （一）衣领的分类

就整个服饰设计的过程而言，衣领的设计、创作被认为是最富有艺术性，也是最困难的部位。一般构成衣领外观的线条分别来自衣领的高度变化及衣领的形状变化。衣领高低方面来说，可分为高领、半高领、中领、半低领、低领及无领六种。如果将衣领的线条按照不同的高空与形状，加以适当的组合运用，就可以产生各种复合的衣领形态。

1. 立领

凡是沿着颈部竖起的领子统称为立领，主要包括以下几种。

（1）中式领，前后领高通常都在 3.5～4cm 之间，是传统形式的领子（图 4－1－1（1））。

（2）军服领，又称官员领，形式如中式领，大部分用在军服上（图 4－1－1（2））。

（3）单领是用在衬衫上的立领。在 19 世纪中期常用于礼服上，所以又称"Poke coilar"（图 4－1－1（3））。

（4）高立领，指领围比较高的立领（图 4－1－1（4））。

（5）小立领，指紧贴在领围竖立的小型领子，高度通常在 2.5～3.5cm 之间，是用于男衬衫和女上衣的领型（图 4－1－1（5））。

（6）突出领，指用细长斜布滚边而成的领型（图4－1－1（6））。

（7）郁金香立领，指郁金香花形的领子，特点是领子在脖子前端相叠合而成（图4－1－1（7））。

（8）漏斗形领，是将颈部整个包围起来的领型（图4－1－1（8））。

（9）高领，高到几乎盖住耳朵的领子，但下巴部分仍然露在外面（图4－1－1（9））。

（10）罗马领，用在天主教祭典用的服装上，特点是窄小的立领，扣子在后面（图4－1－1（10））。

（11）高酒瓶领，是宽松而且高度可包围整个颈部的领型（图4－1－1（11））。

（12）矮领，指围绕脖子的细小立领（图4－1－1（12））。

（13）颈领，指颈部后面竖起，但前面却一直往下延伸到下摆的棒状领型（图4－1－1（13））。

（14）扎结领，是将立领依顺着领型宽度，在肩部位置打成蝴蝶结后让其自然下垂的形态（图4－1－1（14））。

（15）带领，指把带状的立领用带扣作为装饰，并可调节领围大小的领型（图4－1－1（15））。

2. 平领

平领也称作趴领，是指领子紧贴在衣服上，领台很小或无领台，从领围线翻折的领型的总称。

（1）小圆领，领端成圆形，领宽约5～8cm，领台低而平坦，形状可爱，多用于童装，也称为娃娃领（图4－1－2（1））。

（2）小半圆领，相比于小圆领，这款领型的领台及领面更为矮小（图4－1－2（2））。

（3）唱诗班领，领面宽大平坦，没有领台。衣领前端有的分开，有的连接在一起，常用于圣歌队的服装衣领（图4－1－2（3））。

（4）花瓣领，把领外围裁剪成花瓣形的平领（图4－1－2（4））。

（5）水手领，领前面呈V字形，顺到肩端后呈方形，有时在领外围车缝上等间距的装饰条（图4－1－2（5））。

（6）披肩领，指盖过肩部往下垂，像披肩一样的领型（图4－1－2（6））。

（7）围巾领，指前面呈V字形，后面呈三角形的大领子，类似三角披肩（图4－1－2（7））。

（8）伊顿领，指白色宽边带有刻口的平领，通常配在童装外套上的。因曾被英国的Eton collage（伊顿大学）用作制服的衣领而得名

（图 4 - 1 - 2 (8)）。

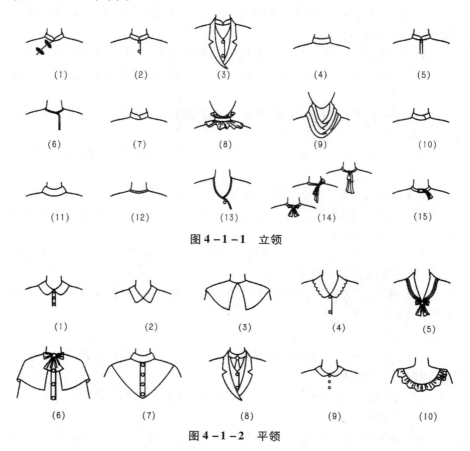

（1）　　　　　（2）　　　　　（3）　　　　　（4）　　　　　（5）

（6）　　　　　（7）　　　　　（8）　　　　　（9）　　　　　（10）

（11）　　　　　（12）　　　　　（13）　　　　　（14）　　　　　（15）

图 4 - 1 - 1　立领

（1）　　　　　（2）　　　　　（3）　　　　　（4）　　　　　（5）

（6）　　　　　（7）　　　　　（8）　　　　　（9）　　　　　（10）

图 4 - 1 - 2　平领

（9）小飞侠领，无领台或有少许领台。圈形且窄小的领型（图 4 - 1 - 2 (9)）。

（10）波褶领，以折褶的布料在领围线上缝荷叶边样子的领型（图 4 - 1 - 2 (10)）。

3. 圈领

圈领可看成是立领的一种，只不过是围绕着颈部竖起然后往下翻形成。圈领可分为两种：一种是前后领台高度相同的全圈领，或称高圈领；另一种是只有后面有领台前面没有领台的半圈领。

（1）基本型的圈领见图 4 - 1 - 3 (1)。

（2）海龟领：紧贴颈部双层折反的衣领，因似海龟的脖子得名（图 4 - 1 - 3 (2)）。

4. 褶领

褶领是对于有领台的翻折领的领子的总称。

（1）双层起伏折领，衬衫领的一种，指领台折反的领子，领台及领面都敷上了黏合衬使其挺括（图4-1-4（1））。

（2）软式折领：不用衬料加强的柔软的衣领（图4-1-4（2））。

5. 翻领

在上衣前片呈V字领翻领线的两侧将领片折反裁剪出来，后面再以褶领或平领的形式与其连接，统称为翻领。

（1）开放式翻领，翻领的一种，多用在运动装上（图4-1-5（1））。

（2）翅形翻领，外形似翅膀的领子，后面竖起，前面向外折反，体现活泼感（图4-1-5（2））。

（3）分离式翻领，非固定的，可拆卸的领子。多以别的布材制成，增加美观及使用功能（图4-1-5（3））。

（4）双层翻领，做成双层的重叠的领子（图4-1-5（4））。

（5）大翻领，从肩端斜着呈V字状顺到开领止点的大翻领型（图4-1-5（5））。

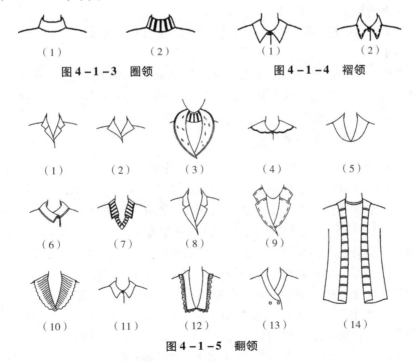

（1） （2） （1） （2）

图4-1-3 圈领　　　　　　　图4-1-4 褶领

（1） （2） （3） （4） （5）

（6） （7） （8） （9）

（10） （11） （12） （13） （14）

图4-1-5 翻领

（6）不对称翻领，不对称领型，即左右两边的领型不对称（图4-1-5（6））。

（7）意大利翻领，在V字领围线的基础上缝缀的褶领，其领台较低，前领呈锐角。常用作毛衣的领子，后来也被用做其他服装的领子（图4-1-5（7））。

（8）西装领，多用于男子服装。V字形的领线上两边各有一个刻口，通过刻口的位置与领子的宽窄调节领子的造型（图4-1-5（8））。

（9）阿尔斯特领，阿尔斯特是爱尔兰东部的一个地名，盛产粗罗纱。用该面料制成的翻领就叫作阿尔斯特领型（图4-1-5（9））。

（10）半正式礼服领，从衣领上部到下摆都能翻折的丝瓜领或剑形领，一般用于外套夹克（图4-1-5（10））。

（11）波状领，指从领端到胸前做成皱褶装饰的领型（图4-1-5（11））。

（12）衬衫翻领，衬衫领的一种，领子后面有领台，前领台不明显（图4-1-5（12））。

（13）披肩领，属于衬衫领的一种，前领口开得较低，领面较宽，领边缘处夹缝褶饰（图4-1-5（13））。

（14）丝瓜领，前后领都没有缺口，呈丝瓜形圆弧状（图4-1-5（14））。

总而言之，衣领的名称或命名方法，大致上是根据衣领的设计方法、裁剪方法、外观或创始的人名、地名等而来的。当然服装的衣领也可以利用这些方法来加以分类。

**（二）各种领线种类举例**

（1）玳瑁领线，也称海龟领，外翻高领中的一种（图4-1-6（1））。

（2）高立领线，也称瓶形领、漏斗形领（图4-1-6（2））。

（3）中国式立领线，也称清朝式立领（图4-1-6（3））。

（4）农民领线，较矮的领型，常见于欧洲农民的罩衫中（图4-1-6（4））。

（5）船员领线，采用针织的圆领口的圈领领线（图4-1-6（5））。

（6）圆形领线，领线呈小的弧线（图4-1-6（6））。

（7）直立领线，领子直立，不贴颈部（图4-1-6（7））。

（8）远开领线，斜向远离颈部的直领（图4-1-6（8））。

（9）船底形领线，似小船船底的线型（图4-1-6（9））。

（10）荷兰领领线，距颈围前中心点5cm的半圆形领线（图4-1-6（10））。

（11）长椭圆形领线，领线横开呈椭圆形的领线（图4-1-6（11））。

（12）U形领线，像字母U形的领线（图4-1-6（12））。

（13）马蹄形领线，似马蹄形状的领线（图4-1-6（13））。

（14）蛋形领线，呈蛋形的领线（图4-1-6（14））。

（15）匙形领线，如深凹的匙勺的领线形（图4-1-6（15））。

（16）宽开领线，横开尺寸大而远离颈部（图4-1-6（16））。

（17）低胸领线，横开尺寸大领窝深的领形（图4-1-6（17））。

（18）低肩领线，露出肩端的低胸领形（图4-1-6（18））。

（19）心形领线，领窝如心形（图4-1-6（19））。

（20）扇贝形领线，如扇贝边缘的领线（图4-1-6（20））。

（21）长裁领线，与直领线相同，也称一字领（图4-1-6（21））。

（22）斜领线，自一肩斜向另一肩腋下的领线（图4-1-6（22））。

（23）背心形领，水平的领线，用吊带固定（图4-1-6（23））。

（24）无吊带领线，不用吊带的露肩形领（图4-1-6（24））。

（25）V形领线，如字母V形的领线（图4-1-6（25））。

（26）羊毛衣领线，前襟搭门的V形领（图4-1-6（26））。

（27）和尚袍领线，前襟斜向叠合门襟深搭的领形（图4-1-6（27））。

（28）钻石形领线，似切割棱角的钻石造型的领线（图4-1-6（28））。

（29）开衩领线，在圆形领线的前端开缝的领线（图4-1-6（29））。

（30）深插领线，前开叉很深的领形（图4-1-6（30））。

（31）亨利领线，圆领线和前开口加窄的弹性布镶边门襟，以纽扣固定（图4-1-6（31））。

（32）马球衣领线，也称T恤领，长方形门襟（图4-1-6（32））。

（33）锯齿形领线，似锯齿形状的领线（图4-1-6（33））。

（34）砖形领线，大的似板砖状的矩形领（图4-1-6（34））。

（35）方形领线，深开的方形领形（图4-1-6（35））。

（36）键盘形领线，如钢琴键或打字机键盘造型的领线（图4-1-6（36））。

（37）教士袍领线，如教士长袍的领线（图4-1-6（37））。

（38）垂缀领线，垂褶缝缀的领型（图4-1-6（38））。

（39）挂脖领线，挂到颈后方打结的领型（图4-1-6（39））。

（40）抽带领线，用抽带将椭圆形领孔束褶而成的领线（图4-1-6（40））。

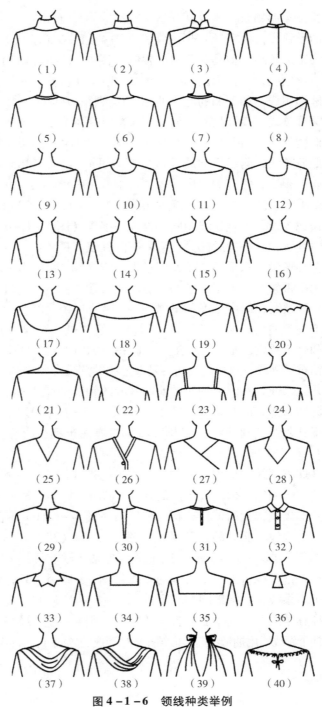

（1）　　　（2）　　　（3）　　　（4）

（5）　　　（6）　　　（7）　　　（8）

（9）　　　（10）　　　（11）　　　（12）

（13）　　　（14）　　　（15）　　　（16）

（17）　　　（18）　　　（19）　　　（20）

（21）　　　（22）　　　（23）　　　（24）

（25）　　　（26）　　　（27）　　　（28）

（29）　　　（30）　　　（31）　　　（32）

（33）　　　（34）　　　（35）　　　（36）

（37）　　　（38）　　　（39）　　　（40）

图 4 - 1 - 6　领线种类举例

## 二、袖子

### （一）袖子的种类

袖子从裁剪上分为一片袖、两片袖和多片袖等；从袖宽可分为宽松袖和窄袖（图4-1-7）；从长度上可为长袖、九分袖、七分袖、半袖及无袖等（图4-1-8）。从服装发展历史上看，服装的基本形态大致分为东方样式和西方样式两类。东方样式是将布料挖洞并套过人的头部；西方样式是将布料包裹或缠卷到人体上。中国早在殷商后期（约公元前1100年）就已经出现了袖子。而古埃及的服装是无袖的，古罗马的服装受其影响也无袖。到了罗马帝国时期（公元前510~31年），才开始出现袖子。这时的袖子称为"丘尼卡"，后来发展成为连袖。

再到了13世纪，服装的裁剪方式从直线剪裁发展到曲线剪裁，这时出现了绱袖。绱袖起源于意大利北部的波隆那地区的人体医学解剖的实验。当时实际从事于人体解剖的人，多是熟练使用剪刀的裁缝。由于他们的创意，联想到袖子和衣身的组合分装，并考虑到了袖山、袖孔等问题，于是就有了绱袖及后面发展的插肩袖。对于袖子的设计，应注意以下几点。

（1）袖子的形状、大小、柔软与坚挺对服装的整体效果有很大的影响，设计时应充分考虑服装的整体视觉平衡及所要体现的性格。

（2）用于礼仪装类的袖型，为追求合体与静态的美感需求，其活动性较差。与之相反，用在便于活动的服装类型的袖子，其静态美观度稍差，但便于手臂的运动。

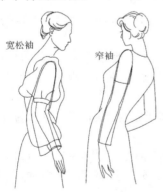

图4-1-7　宽松袖和窄袖

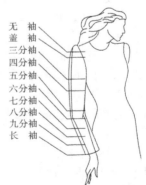

图4-1-8　从长度上划分袖子

### （二）基本袖形

（1）德尔曼袖，与衣身同裁，袖下与腰身以弧线形相连，袖形十分宽大，有时加上裆布以增大活动量（图4-1-9（1））。

（2）蝙蝠袖，比德尔曼袖更肥硕，像蝙蝠的翅膀（图4-1-9（2））。

（3）介于德尔曼袖和蝙蝠袖之间的袖型如图4-1-9（3）所示。

（4）马扎尔袖，因匈牙利的主要民族马扎尔所穿着而得名（图4-1-9（4））。

（5）基本和服袖，无裆布的袖型（图4-1-9（5））。

（6）和服袖，加裆布的袖型（图4-1-9（6））。

（7）基本袖，袖与衣身连裁，腋下加了缝菱形的裆布（图4-1-9（7））。

（8）主教袖，长的袖子，袖口以抽褶形成蓬松感的袖型（图4-1-9（8））。

（9）衬衫袖，肩部绱袖无褶，腕部以袖口布接缝细褶或规则的褶（图4-1-9（9））。

（10）钟形袖，造型如钟的袖子，或长或短的长度（图4-1-9（10））。

（11）羊腿袖，造型如羊腿状，肩部打褶而拱起，小臂至腕部收紧（图4-1-9（11））。

（12）宝塔袖，形状如宝塔，三层的褶子缝在里面合身的袖子上（图4-1-9（12））。

（13）泡泡袖，袖长靠近肘处，肩部与袖口打有很多褶，形成泡状的隆起（图4-1-9（13））。

（14）气球袖，袖长至肘部，袖型似气球，通常加衬布整形（图4-1-9（14））。

（15）灯笼袖，袖长至肘部以下，上下窄而中间宽大，似灯笼的造型，宽大处用横向的连缝线连接（图4-1-9（15））。

（16）波浪袖，袖口采用斜裁的形式大大展宽，形成自然的波纹（图4-1-9（16））。

（17）两片连肩袖，裁成两片的连肩袖，功能性好（图4-1-9（17））。

（18）连肩袖（拉克兰袖），在肩点以下前后袖合一的连肩袖（图4-1-9（18））。

（19）肩章袖，把肩上窄长的约克与袖子连裁的袖子，肩部剪接线似肩章（图4-1-9（19））。

（20）窄袖，绱袖形式，贴合人体的基本袖型（图4-1-9（20））。

（21）两片袖，由大小两个袖片构成，合体度非常高的袖子（图4-1-9（21））。

（22）翻褶袖，袖口翻折的袖子，或长或短的袖长（图4-1-9（22））。

（23）花瓣袖，以花瓣式的圆弧重叠的短袖（图4-1-9（23））。

（24）垂缀袖，用斜裁来产生自然悬垂弧线，给予余量，自肩上垂下使之形成许多褶子，又称考尔袖（图4-1-9（24））。

（25）盖袖，肩线适量延长而盖过肩头的袖形，也称之为抹袖（图4－1－9（25））。

（26）落肩袖，肩部加宽的绱袖，肩袖缝合线落下（图4－1－9（26））。

（27）变形袖，利用剪接线分割而形成变化多端的袖型（图4－1－9（27））。

（28）公主线和服袖，将公主线与袖片连裁的袖子（图4－1－9（28））。

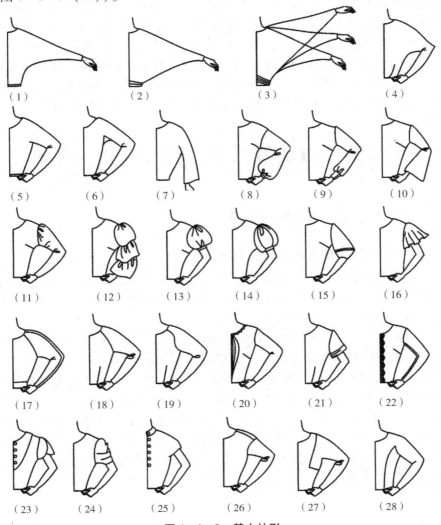

（1）　　　　（2）　　　　（3）　　　　（4）

（5）　　　　（6）　　　　（7）　　　（8）　　　（9）　　　（10）

（11）　　（12）　　（13）　　（14）　　（15）　　（16）

（17）　　（18）　　（19）　　（20）　　（21）　　（22）

（23）　　（24）　　（25）　　（26）　　（27）　　（28）

**图4－1－9　基本袖形**

### 三、腰身

对于腰部的服装款式设计有两种方法。一种是直接裁剪的一次性手法，就是直接表现腰部形态；另一种是带有含蓄性质的间接的暗示手法，将腰线通过变化调整位置、收放松度进行变形，或在腰部加上装饰物，也称作二次性手法。如果我们可以把腰部通过线条的分割使之成为 A 形、V 形、U 形、人字形等变形，或者提高腰线或使其下降，或用皮带、绳子和镂空加蕾丝装饰、缝缀装饰珠片等来间接装饰与变化腰部，表现出不同的风味与美感。通常，高腰的服装会使胸部显小，有未成熟及年轻、轻快之感。低腰的服装会拉长胴体，有成熟及安定的意味，增加性感。

中国古代的许多服装多以含蓄的直筒宽松为主，有的用腰带来做调节，是寓于二次性手法；而近现代中式服装受西方服饰的影响，尤其是以旗袍为代表的服饰，直接展露女性柔美的腰身，是一次性的表现手法。

# 第二节　服装款式局部设计实例与解析

## 一、领型变化设计实例解析

### （一）立领领型变化设计实例解析

立领是领子自领围向上立起的领型，其立起的高度随整体的设计变化而保持平衡。可做成单层宽边形，也可做成双层宽边形的褶领。立领常用于罩衫、礼服、大衣及套装上。

图 4-2-1 中是典型的几款立领设计。从远离颈根的窄边立领到剪接成 V 字形周边抽褶的宽边立领，形成时尚、端庄的格调。

图 4-2-2 是四种立领的款式结构图。图 4-2-2（1）是立领与翻领的组合，中心对称，常用于小礼服外套上。图 4-2-2（2）是在深开的 V 字形领孔上拼接前趴的立领，体现着新潮而富于变化的设计格调。图 4-2-2（3）则采取不完全对称的形式以突出变化带来创意。图 4-2-2（4）则采用对称的中式立领，以现代感的拉链进行突破对比，借以体现时尚感。

图4－2－1　女装立领款式

（1）　　　　　　　（2）

（3）　　　　　　　（4）

图4－2－2　四种立领设计构图

## （二）平领领型变化设计实例解析

平领的领型结构特点为无领座（无领腰）或领腰很小，前面讲过，领子与衣身平贴于颈肩部，故而也称趴领。如图4－2－3、图4－2－4中，由于其结构简单，使平领的款式造型丰富多彩，能产生富有创意的变化，能很好地衬托脸型及颈部，在一些外套、衬衫、连裙装、童装中经常使用。

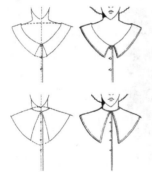

图4－2－3　常见的两种平领款式结构

图4－2－4　平领款式设计图例

## 二、袖型变化设计实例解析

### （一）绱袖

绱袖指的是袖子在肩根围处与衣身袖孔的接合，变化形式多样。绱袖可以做成非常合身的细窄的袖子，也可做成大而宽松的式样，有的为了突出肩部，在袖山抽细褶而拱起，还可以在袖口加卡夫等（图4－2－5）。

由于衣袖缝合线的变化、袖孔深及袖型本身的变化都会带来服装整体造型上的变化，如绱袖位置不同的落肩袖、蝙蝠袖和包肩袖（图4－2－6）。

## （二）连身袖

连身袖是衣身与袖子连在一起裁剪的袖子，依其形状的不同可称其为和服袖、蝙蝠袖等。连身袖多与宽松式的款型相配合，如外套、睡衣、家居休闲装及浴衣等，是一种很舒适及简洁的设计（图4-2-7）。

图4-2-5　不同绱袖设计

图4-2-6　绱袖位置不同的
落肩袖、蝙蝠袖和包肩袖

图4-2-7　连身袖设计

## （三）套袖

套袖也称插肩袖，是将抵肩部位的一部分与袖子袖山顺滑地连在一起。套袖能很好地强调及夸张肩部的圆润感，常被用于突出肩部造型的服装，如X形外套、V字形外套等，形成挺拔的外形轮廓及很威风的形象（图4-2-8）。

插肩线为水平线状态时称其为鞍袖，插肩线与前衣身的刀背公主线相连则称其为袖笼公主线插肩袖。此外，还可将插肩线变化成各种各样的剪接育克线。插肩线与剪接育克线的配合以及各种装饰的应用，会给服装的款式构成增添丰富的变化（图4-2-9）。

图 4 - 2 - 8　插肩袖设计

图 4 - 2 - 9　插肩袖的变化

## 三、款式细节与配饰变化设计实例解析

### (一) 贴饰

贴饰就是将预先设计好的图案用选定好的布料或其池材料裁好,镶嵌或贴缀在服装的主体面料上,从而获得装饰效果的一种方式。贴饰的裁片在颜色、图案和质地上有很多变化,以突出其装饰效果。贴饰既可用机器缝制,也可用手工缝制。

贴饰在使用和设计时要仔细规划,反复均衡及推敲其点缀的颜色、大小,平衡与整体服装的比例配合。通常,那些简朴而粗犷的贴饰常被用在休闲装、童装和海滨服上,而那些精致漂亮的贴饰多用在女式内衣、礼服及外出服和演出服中。此外,珠饰和机绣等各种绣花工艺也可以用于贴饰,其所使用的材料可以是本布或别布的布料、毛毡、皮革及网纱等。

图 4 - 2 - 10 为适合于晚装或外出服装的贴饰设计,通常在领口、抵肩及衣摆处施以贴饰,可采用鳞片状、羽毛状、网纹状或多组分的图案,采用规则的或不对称的手法,对整体形象起着很好的补充点缀的作用。

图 4 - 2 - 11 为用于童装上较简朴而充满稚气感的贴饰设计,利用面料质感上的反差及色调上的对比而突出其装饰效果。童装上的贴饰图案通常选用较单纯可爱的动画形象,如小房子、水果、动物等可爱的图形以突出童装的特点。

图 4 - 2 - 12 为应用于男装中的贴饰设计。男装的线条较为明朗、硬挺,贴饰要考虑其特点,通常采用雄劲、有力度的图案来装饰,材质上多选用皮革、粗绣线等来强调其力度。

图 4 – 2 – 10　外出服装贴饰　　图 4 – 2 – 11　童装贴饰　　图 4 – 2 – 12　男装贴饰

## （二）腰带

这里指的腰带有别于皮带，是由多种材料制成的。腰带的款式较多，包括从普通至时尚型等各种各样。从结构上看，腰带有与上衣或裙、裤连体的，也有单独设计的。在式样上则可根据所表现的设计内涵而综合运用色彩、材质及造型等因素进行设计。

与裙体连载的腰带所形成的观感比较完整、协调，并可通过结扎系带、袖带、钉扣等变化形式来丰富其内容（图 4 – 2 – 13）。

图 4 – 2 – 14 为使用布质材料单独设计的别布腰带款式。在选定好的腰带材料上通过敷衬而增加其挺括感，配上带扣或系带或扎皮革带等均可产生独特的效果，形成时尚的着装观感。

图 4 – 2 – 15 为选用绣花面料制成的腰带款型。在腰带的面料选择上应注意其图案的色泽与服装形成对立统一的协调感，通过材质、色泽上的对比或相近可产生很强的装饰作用，使整体效果因此而格外出色。

图 4 – 2 – 13　与裙体连载　　图 4 – 2 – 14　布质　　　图 4 – 2 – 15　绣花
　　　　　　　　　　　　　　材料设计的腰带　　　　　　面料制成的腰带

图 4 – 2 – 16 则是在与裙、裤连载的腰带上配以与之相协调的别布腰带。别布的腰带一方面起着束紧腰部的作用，另一方面则起着很好的装饰作用，在整体的统一中体现着变化。

图 4-2-17 是一组采用豹皮图纹的缎面面料制成的腰带款式。头上配套的帽子也采用与腰带相同的面料以形成上下呼应，产生统一而又富于变化的优美形象。

**图 4-2-16　别布腰带设计　　图 4-2-17　缎面面料制成的腰带**

### （三）抽带

抽带是用细长的带子穿系于服装上预先缝好的管道处（腰线、袖口、衣摆和领围等处车缝的长条管道），通过抽拉系紧抽带形成褶皱而产生蓬松的效果。抽带所应用的服装款式很多，如夹克衫、罩衫和连裙装等，其应用的部位有领围线、肩线、腰线、底摆及袖口等处。抽带独特的束紧效果而产生的褶皱具有封闭性功能，又因褶皱而产生随意别致的感觉（图 4-2-18）。

图 4-2-19 是抽带在童装中的应用。在衣领的部位或腰际及下摆处设置折裥卷边管道及抽带，可以使款式结构在平凡中更增添几分生机及活跃的气氛。

**图 4-2-18　抽带设计　　　　图 4-2-19　童装中的抽带设计**

### （四）系带

系带是用带子交错穿梭于预先做好的金属或塑料的孔眼、环圈或钩扣间，以达到既符合扣合功能又满足装饰效果目的的细节设计。系带可选择绳子、丝带、缎带、编带或布带作为素材，系带子的部位可选择前襟、肩线、领圈、腰际等。系带的扣合及装饰作用的双重功能能给服装增添个性，丰富其款式变化，颇具装饰效果（图4-2-20）。

### （五）斜裁

斜裁指的是沿着经纬两线交叉的纹理方向裁剪，通常为45°方向的正斜裁。我们知道织物的直丝方向线为经线，最不易变

图4-2-20 服装中的系带设计

形，而横纹（横丝）为纬线，有一定的拉伸变形，而斜丝最易变形，并且其伸张性最佳，能够配合人体做出优美的弧线。

图4-2-21为利用斜裁的特性而产生的优美波浪的领部褶纹及裙摆褶纹。

斜线的设计能产生动态的感觉，能使设计一般的服装款式产生生动的线条。无论是短罩裙、坦露式肩及斜线剪接的裙子，还是起褶领围及胸前皱领的款式，都充分显示了斜裁带给人们的生动优美形象（图4-2-22）。

图4-2-21 服装设计中的斜裁应用

图4-2-22 变化多样的斜裁设计

### （六）蝴蝶结

蝴蝶结通常是作为装饰物出现在服装款式设计中，常被用于颈部、肩端、臀、胯部及服装的背面，有的款式会采用蝴蝶结作为系带功能。

蝴蝶结的种类很多，大体上可分为不同的质料、不同的尺寸、不同的比例及颜色等多种。从造型上看，有线条分明、挺括神气的蝴蝶结和宽松柔软的蝴蝶结。通常用棉布、亚麻布和塔夫绸等面料用来制作挺括的蝴蝶结，以便产生分明、硬朗的线条；而金丝绒、雪纺绸、丝绸和平纹针织物来制作宽松柔软的蝴蝶结，这样易产生柔和的褶皱。

在实际运用中，还要注意其配合部位及褶裥方式，较大的蝴蝶结通常采用柔和感的设计，而较小的蝴蝶结则适合于硬挺的设计（图 4 - 2 - 23、图 4 - 2 - 24）。

图 4 - 2 - 23　蝴蝶结
在服装设计中的应用

图 4 - 2 - 24　服装款式设计
中不同位置的蝴蝶结设计

## （七）垂饰

垂饰指布料悬垂后所呈现的波纹状外观。在服装设计中，垂饰的应用是相当广泛的，如领子、袖子、裙子上的部件、紧腰衣等。

丝绸、金丝绒、平纹织物、精纺羊毛和雪纺绸等布料具有良好的垂感，适宜制作垂饰。不同的选料，其所形成的垂饰效果也会有所不同，或表现为精细的柔褶，或体现出较深的褶裥。垂饰自然飘垂的特性会使服装大为生色，富有立体感。

图 4 - 2 - 25 是用圈带系缚在颈围处而形成的垂饰款式构成。使用圆环式的圈带或 V 字形圈带或交叉的圈带，其款式效果比较精致，具有装饰风格，同时又能产生很好的合身效果，尤其是对胸部的包容更显其优势，突出女性柔美的曲线。

图 4 - 2 - 26 中的垂饰设计，肩部的吊带及系带为其特色。短肥的腰衣在腰部束带收紧后而增加了整体造型的节奏感，肩颈部的大面积裸露又显现着女性的性感魅力。该种款式构成很适合内衣类及晚装类服种。

图 4 - 2 - 25　服装中的垂饰设计（一）　图 4 - 2 - 26　服装中的垂饰设计（二）

# 第三节　服装款式总形变化原理与实例解析

## 一、款式外部造型轮廓的类别

### （一）苗条线型

苗条线型的特征是款式整体贴合人体曲线（营造理想的曲线比例），能充分表现女性婀娜多姿的美态，倾向于塑造苗条、妩媚、性感、成熟的形象（图4-3-1）。

苗条线型在实际服装造型应用中，依不同的体型，在胸、腰、臀这几个部位适当地放松与收紧而加以调节，可形成若干个好看的适应高、矮、胖、瘦不同体型的苗条线型，并更具有现代风格，造型可简洁而舒适（图4-3-2）。

图4-3-1　苗条线型　　　　图4-3-2　现代感的苗条线型服装

### （二）上贴下散型

上贴下散型的特征是臀围线以上贴合身体，臀围线以下呈斜线状展开。该廓型应用于连裙装时，其上下身的分割剪接线多设计在中腰线附近的低腰部位。由于贴合身体的上半身易显现身段，而较宽大的裙摆造成飘逸的感觉，故其所表现的形象多倾向于浪漫、稳定的成熟女性化观感（图4-3-3）。

### （三）公主线型

公主线型与上贴下散型的外形基本相同，但其不用横的剪接线，而是利用自肩部（或袖孔及领孔）至胸围经过腰及臀，然后再向下摆展宽，其特有的结构造型线是服装造型中最具代表性的结构线。19世纪英国爱德华七世皇后在公主时代最喜欢此种造型款式，因此而得名。公主线能巧妙地修饰体型，突出胸、臀，收腰，展宽下摆，造型线连贯流畅，故而被广泛应用（图4-3-4）。

图4-3-3　上贴下散型轮廓　　　　　图4-3-4　公主线型轮廓

### （四）丹度尔线型

丹度尔线是以奥地利的蒂罗尔年轻姑娘所穿的民族服丹度尔而得名。其造型特点是蓬松的泡袖罩衫与腰间大量束褶的裙子组合，上衣的腰身较合体，下裙采用腰间的大量束褶工艺，借以强调腰臀的曲线膨胀感（图4-3-5）。

图4-3-6也是采用丹度尔裙型的两款连裙装，肩部起泡的较为蓬松的上半身造型，在腰部进行剪接而大量束褶，裙摆也较大幅度地展开，裙长过膝至地，而构成富有异国情调、端庄古典感的形象。

图4-3-5　丹度尔线型轮廓　　　　　图4-3-6　异域风情的丹度尔线型轮廓

### （五）自然线型

自然线型指的是顺人体的自然体型，追求舒适的线条。它与苗条线型相比更宽松，但又不像丹度尔线型那样把裙子撑起，一般普通的较合身的连裙装或套装都采取这种造型轮廓（图4-3-7）。

图4-3-8所示也是采用自然轮廓造型而设计的两件套组合，由于胸、

腰、臀部加了适量的宽松分，适体更自然，是一种自然、轻松、得体的设计形象。

图4－3－7　自然线型轮廓　　图4－3－8　宽松型自然线型轮廓

### （六）直线型

直线型又称筒型，其特征是取近似圆柱的廓形状态，呈稍稍宽松的略长的长方形，其变化在于裙子的长身线型。图4－3－9中的三款连裙装，有着挺峻的肩部造型，稍收的腰身，长长的直线型轮廓而显现高贵、典雅的帝皇廓形，体现简洁、高贵和富于构成效果的艺术形象。

日常服装的直线型的运用较多，大多有着较松的腰身和细长的轮廓，带给人轻快、干练的现代都市女性形象（图4－3－10）。

图4－3－9　直线型轮廓　　图4－3－10　日常服装中直线型造型

## 二、款式内部结构分割

### （一）线的分割

就分割线而言，主要指结构线和装饰线。结构线可以实现服装结构变化，使服装更好地贴合人体。如中缝、侧缝、肩缝、刀背缝及省道等。受服装结构和人体体形的影响，结构线大多为直线或圆顺的曲线，集中在人体的胸、腰、臀等曲线变化大的部位和肩、肘、胯、膝等活动频繁的部位。装饰线则能够强调造型、突出层次、调节视觉，如压条、沿边、镶花边等。装饰线的形状和位置可以依据设计意图自由安排，多是为配合功能线而使用。图4－3－11是结构分割线在造型变化中起到的作用，其中图（1）（2）（5）（6）能够看出因结构分割线的存在导致造型的变化；图（3）（4）（7）（8）在服装外部轮廓褶同的情况下，对内部造型进行线的分割。图4－3－12是装饰线的分割，图（1）（2）（3）（5）（6）（7）所示，线的增减不会造成外形的变化，因为这些线大多是装饰分割线，能够很好地吸引人们的视线，特别是装饰线平行于结构线大量使用时，其效果会更突出；圈（4）（8）是装饰线不同的使用方法——直线和曲线，曲线能够使简单的服装充满变化，增加趣味性，直线则创造构成感，打破呆板。

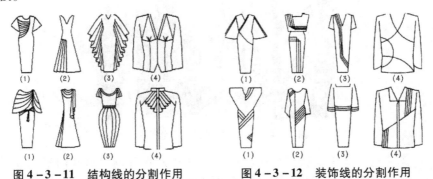

图4－3－11　结构线的分割作用　　　　图4－3－12　装饰线的分割作用

## （二）点线面的综合运用

点、线、面既是款式内部结构的构成要素，同时在塑造款式外部造型、创造服装总形的变化中起着举足轻重的作用。在实际设计中应充分运用省道、缝接线、衣褶线、装饰线、轮廓线、边饰线的简繁、疏密完成造型及丰富款式内容，创意出有旋律、节奏的款型；运用不同面积的块面拼接体现对比；运用点的装饰突出重点。但是，点、线、面的运用不应简单杂乱堆砌，应有所侧重。运用平面构成原理进行面积、大小、松紧以及动静的对比，突出其中的主体；利用形体进行组合、套合、分割；利用各类渐变创造款式的不同变化。总之，点、线、面的运用是综合的、有规律的、自由的创造性过程，充分利用变化统一、局部整体的设计原理来研究，把点、线、面的运用发挥好。

# 第四节　服装款式设计综合实例解析

## 一、服装款式外形变化图例解析

图 4 – 4 – 1 中，在款式基本轮廓线呈不同状态几何形变化的基础上，再利用肩、袖、腰及下摆等细节部位进行适当的穿梭协调，构成与设计主题、时尚、流行合拍的款型。

图 4 – 4 – 1　基本款式外形组合（一）

图 4 – 4 – 2 中，适当引用不同的几何形，在开领口、开门襟、肩、袖及衣摆等部位进行穿梭变化，使款型更具艺术气息。

图 4 – 4 – 2　基本款式外形组合（二）

图 4 – 4 – 3 中，充分利用线条的作用，在保持总形不变的基础上，通过各种线的艺术化的分割，增加款式的内容，构成富有律动感与节奏感的整体形象。

图 4 - 4 - 3　基本款式外形组合（三）

图 4 - 4 - 4 中，曲线及重复使用的线条起到重要的调和作用，尤其是在款型显得单调的时候，利用这种方法进行合理的分割与强调，增加款式的节奏感，取得更好的效果。

图 4 - 4 - 4　基本款式外形组合（四）

图 4 - 4 - 5 中的设计充分利用了斜线能够产生动感的特性，在基本款型的基础上进行分割，这样能使款式更具生动与变化，达到动与静的完美结合。

图 4 - 4 - 5　基本款式外形组合（五）

## 二、服装款式内部结构线及分割线变化图例解析

图 4 - 4 - 6 的设计中，利用了水平线、竖直线、米字线及组合分割线进行分割，结合装饰结构线、省道线等，构成了相对称的具有稳定感的款式结构。

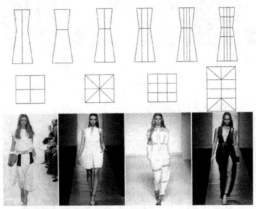

图 4 - 4 - 6　款式内部结构线的变化（一）

图 4 - 4 - 7 为利用水平线与竖直线的分割设计。结合服装款式要集中表现的部位，充分利用水平线与竖直线的作用，合理地安排好分割的位置，结合服装与人体的基本结构，表达真实的设计意图。

图 4 - 4 - 7　款式内部结构线的变化（二）

图 4 - 4 - 8 为利用水平线与竖直线组合使用的分割设计。水平线与竖直线组合使用会比单一使用更有效果，也更具复杂性。充分利用水平线与竖直线的组合作用，结合服装的基本结构与黄金分割比例，使设计更具美感。斜线会产生动感，因此也具有一种不稳定感。

图4-4-8　款式内部结构线的变化（三）

图4-4-9中，充分利用了斜线的作用，结合服装款式要集中表现的部位，合理地安排好分割的位置，结合服装与人体的基本结构，用多种元素加以平衡，使设计表现出更具动态稳定的艺术效果。

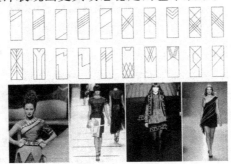

图4-4-9　款式内部结构线的变化（四）

图4-4-10的设计中，利用了斜线与曲线、直线与斜线组合使用的分割。在实际运用中，要注意斜线之间的间隔。此外，当斜线与曲线交接的时段，要巧妙地进行过渡，这样会更有设计效果，也更具艺术性。

图4-4-10　款式内部结构线的变化（五）

### 三、服装款式上衣身造型构成变化图例解析

图 4 - 4 - 11 是一组以对称形为主的上衣身款式造型设计。在整体轮廓、袖型、领型及口袋的构成上以整体对称为主，其间穿插一些不对称的元素加以调和，整体为庄严、稳重大方的造型感。

**图 4 - 4 - 11　上衣身造型构成变化**

大体相同的款式轮廓由于一些细微的变化，会有不一样的效果，而且这些细微变化会随着时尚概念的转化而变得与众不同。图 4 - 4 - 12 中的设计就充分利用直线、斜线和曲线的特性，将衣身、袖子和领子巧妙地组合与调配，从细节上使衣身造型更富有创意与时尚性。

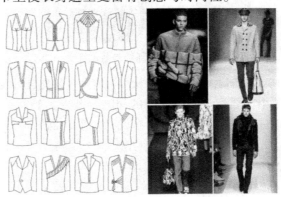

**图 4 - 4 - 12　上衣身造型构成变化**

### 四、裙子造型构成变化图例解析

图 4 - 4 - 13 这一组裙子是在保持基本裙形轮廓不变的基础上，通过不同线条的分割及装饰来丰富其款式的设计。在进行线条分割的时候，要将装饰线与结构线合并考虑，巧妙地处理会将机能性与装饰性充分展现出

来。出现在中腰及臀部线条的横的分割线要包含着腰部的省道而综合考虑，自上而下的竖的分割线要配合褶裥及人体下肢的活动范围进行权衡，可以将附加装饰作为调节元素加入，以取得完美的效果。

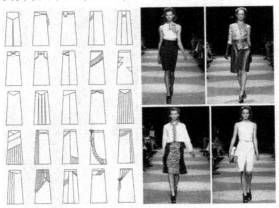

图4-4-13　裙子造型构成变化

裙子的褶裥很重要，从某种意义上讲，它是裙子的灵魂，因为它能够大大增加女性化的效果。无论是自然的碎褶，还是顺延腿部的普利姿褶，其产生的视觉效果会让整个裙形变得生动而有活力，运用得当会起到事半功倍的作用（图4-4-14）。

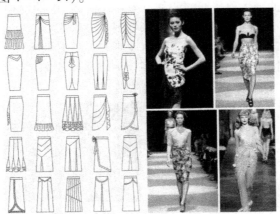

图4-4-14　裙子造型构成变化

## 五、吊带裙造型构成变化图例解析

吊带裙是很能体现女性美线条的裙类，它的设计能充分体现女性颈、肩、胸、背的巧妙裸露而带来的美感，结合腰部的线条而塑造完美的女性曲线。结合不同的着装场所及功用，考虑材料、饰物、体型及时尚等因素，充分借助斜线、直线和曲线的分割及组合，发挥艺术想象力，设计出适合穿者个性而端庄、高雅的款式（图4-4-15）。

图4-4-15　吊带裙造型构成变化

## 六、连裙装造型构成变化图例解析

连裙装是衣身与裙子连在一起的衣服的统称，在其结构形式上分为在腰部有剪接线的与无剪接线的两种。图4-4-16中的两种结构的连裙装，在设计上结合不同的衣领、袖和门襟等多重元素组合，无论是横线条的分割还是纵线条或斜线的分割，其根本原则是：首先要突出人体的长处，借以视错掩盖人体的短处，使得设计更合乎着装者的体型。在此基础上，再融合时尚元素与品牌风格，构成完美的造型。

图4-4-16　连裙装造型构成变化

## 七、袍类造型构成变化图例解析

　　袍类与连裙装的造型轮廓很相近，只是在袖型结构上将袖与衣身贯通，也称连身，并且多以宽松的形式出现，颇具历史与古典感。不过，随着时尚浪潮的涌动，赋予袍类的造型也有了很大的变化。图4-4-17中的多组袍类造型构成变化在设计时，充分利用不同时期的造型观感及民俗民风元素，结合服装设计中的点线面的构成规律及设计主题，发挥创意思维，设计出具有时尚感并带有复古气息的袍类服饰。

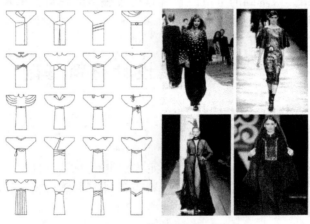

图4-4-17　袍类造型构成变化

# 第五章　服装材料设计

前面我们已经对服装的流行与风格款式进行了详细阐述，但不管是怎样的设计风格，最基础的考量因素就是构成服装的材料，本章我们就服装材料的设计进行详细阐述。

# 第一节　服装设计材料基础

## 一、服装材料用织物基础

织物是由纺织纤维和纱线按照一定方法制成的柔软且有一定力学性能的片状物。服装用织物是组成服装面料、辅料的主要材料。织物的外观与性能特征直接影响到成品的外观与性能。

### （一）织物的分类

1. 织物按制成方法和原料成分分类

织物按制成方法可以分为机织物、针织物、编织物和非织造布四大类。

织物按原料成分可以分为纯纺织物、混纺织物与交织物。

（1）纯纺织物。纯纺织物指经纬纱都采用同一种纤维纺成纱织成的织物。

（2）混纺织物。混纺织物指两种或两种以上不同种类的纤维混纺的经纬纱线织成的织物。

（3）交织物。交织物是指由不同纤维纺成的经纱和纬纱相互交织而成的织物。

2. 织物按风格分类

织物按风格可以分为棉型织物、毛型织物、丝型织物、麻型织物和中长纤维织物。

（1）棉型织物。棉型织物包括全棉织物、棉型化纤纯纺织物、棉与棉型化纤的混纺织物。棉型化纤的纤维长度、细度均与棉纤维接近。

（2）毛型织物。毛型织物包括全毛织物、毛型化纤纯纺织物、毛与毛型化纤的混纺织物。毛型织物的纤维长度、细度、卷曲等方面均与毛纤维接近。

（3）丝型织物。丝型织物包括蚕丝织物、化纤仿丝绸织物、蚕丝与化纤丝的交织物，丝型织物具有丝绸感。

（4）麻型织物。麻型织物包括纯麻织物、麻与化纤的混纺织物、化纤丝仿麻织物，麻型织物具有粗犷、透爽的麻型感。

（5）中长纤维织物。中长纤维织物是指纤维长度和细度介于棉型和毛型之间的中长化学纤维的混纺织物，具有类似毛织物的风格。

### （二）织物的结构参数

织物的结构参数包括织物组织、织物内纱线细度、织物密度、织物的幅宽、厚度、重量等。下面主要讲解织物的密度、长度、幅宽、厚度和重量。

1. 织物的密度

机织物的密度是指织物沿纬向或经向单位长度内纱线排列的根数，分别称为经纱密度或纬纱密度。对于相同粗细的纱线和相同的组织，经、纬密度越大，则织物越紧密。而对不同粗细纱线的织物紧密程度作比较时，应采用织物的相对密度来表示。织物的相对密度也称为织物的紧度，它是指织物中纱线的投影面积与织物的全部面积之比。数值越大表示织物紧密程度越大。

在原料和纱线细度一定的条件下，针织物的密度可用针织物的纵、横向密度来表示。针织物密度是指在规定长度内的线圈数。纵向密度用5cm 内线圈纵行方向的线圈横列数表示；横向密度用5cm 内线圈横列方向的线圈纵行数表示。针织物密度与线圈长度有关，线圈长度越长则针织物的密度越小。密度大的针织物相对厚实，尺寸稳定性好，保暖性也较好。

2. 织物的长度、幅宽、厚度和重量

织物的长度一般用匹来度量。机织物通常根据织物的种类、用途、重量、厚度和卷装容量等因素决定匹长（m）。针织物则根据原料、品种和染整加工要素确定匹重（千克）或者匹长（m）。

机织物的幅宽是沿纬纱方向，量取两侧布边间的距离，常用单位为cm。它是指织物经自然收缩后的实际宽度。针织物的幅宽一般为 150 ～

180cm，随产品品种和组织而定。

织物的厚度是指在一定压力下，织物正反面之间的距离，常用单位为mm。织物厚度与织物的保暖性、通透性、成型性、悬垂性、耐磨性及手感、外观风格有密切关系。织物的厚度可以分为薄型、中厚型和厚型三类。

织物的重量通常以每平方克重或每米克重计量，用来描述织物的厚实程度。

## （三）织物的组织结构

针织物组织可以分为基本组织、变化组织和花色组织三大类。

### 1. 基本组织

基本组织是南线圈以最简单的方式组合而成。例如，纬平针组织、罗纹组织、双反面组织、经平组织、经缎组织和编链组织。

### 2. 变化组织

变化组织是在一个基本组织的相邻线圈纵行间配置一个或几个基本组织的线圈纵行而成。例如，双罗纹组织、经绒组织和经斜组织。

### 3. 花色组织

花色组织是以基本组织或变化组织为基础，利用线圈结构的改变，或编入一些辅助纱线，或其他纺织原料，如添纱、集圈、衬垫、毛圈、提花、波纹、衬经组织等。

## （四）织物的服用性能

织物的服用性能可以分为穿着耐用性、美观性、热湿舒适性、安全性与穿着的功能性。穿着耐用性、外观美观性主要与纤维的力学性能、耐日晒性能、耐腐蚀性能相关。穿着的热湿舒适性主要与纤维的透气、吸湿、保暖关系密切。

### 1. 织物的力学性能

织物的力学性能是指织物在使用过程中，受到外力作用时抵抗变形及破坏的能力。受力破坏的最基本形式有拉伸断裂、撕裂、顶裂和磨损。

织物的牢度不仅关系到织物的耐用性，而且与织物的外观美感关系密切。它有一定的长度、宽度和厚度。在不同方向机械性能不同，即机织物从经纬向，针织物从纵横向分别研究织物力学性能。

### 2. 织物的外观性能

（1）织物的抗皱性。织物在使用过程中会发生塑性弯曲变形，形成折皱。除去引起织物折皱外力后，织物回复到原来状态的能力即是织物的抗皱性。

（2）织物的悬垂性。织物因自身重量而下垂的程度及形态称为织物的悬垂性。良好的悬垂性能可以充分显示服装的轮廓美。

（3）织物的免烫性。又称记忆性，它是指织物经洗涤后无须熨烫或稍加整理即可保持平整形状的性能。

（4）织物的起毛起球性。织物经摩擦后起毛起球的特质。织物起球后，外观明显变差，表面摩擦、抱合性和耐磨性也会有不同的变化。

3. 织物的尺寸稳定性

（1）织物的缩水性。织物经浸、洗、干燥后长度、宽度发生尺寸收缩的性质。它是织物，特别是服装的一项重要质量性能。

（2）织物的热收缩性。合成纤维以及合成纤维为主的混纺织物，受到较高温度作用时发生的尺寸收缩程度称为织物的热收缩性。织物的热收缩性可采用在热水、沸水、干热空气或饱和蒸汽中的收缩率来表示。

4. 织物的热湿舒适性

（1）织物的透气性。气体透过织物的性能称为织物的透气性或通气性。依据我国国家标准，织物的透气性以织物两面在规定的压力差（100Pa）条件下的透气率表示，单位为 mm/s 或 m/s。织物的透气性与织物的热湿舒适性关系密切，寒冷环境中的外衣若透气性小，则保暖效果好。

（2）织物的吸湿性与放湿性。织物吸收气态水分的能力称为织物的吸湿性。织物放出气态水分的能力称为织物的放湿性。吸收或放出水分能力越强，则吸湿性越好。

（3）织物的透湿性。织物的透湿性是指气相水分因织物内外表面存在水汽压差而透过织物的性质。它是一项重要的舒适、卫生性能指标，一般用透湿率来表示。它直接关系到织物排放汗汽的能力，尤其是内衣应该具有好的导湿性。

（4）织物的热传导性。当织物的两个表面存在温度差时，热量会从高的一面向低的一面传递，这就是织物的热传导性。织物导热能力的大小可以用导热系数表示。导热系数越小，表示织物的导热性越低，热绝缘性或保温性越好。织物的热传导性可以用热阻表示，织物的热阻与导热系数成反比。死腔空气（如棉纤维截面中的死腔空气）与静止空气的热传导系数小于纤维的导热系数。

5. 织物的透水性和拒水性

这是一对相反的指标。它们与织物结构、纤维的吸湿性、纤维表面蜡质与油脂等有关。

（1）织物的透水性。是水从织物一面渗透到另一面的性能。水通过织物有以下途径：水分子通过纤维与纤维、纱线与纱线间的毛细管作用通过织物；纤维吸收水分，使水分子通过织物；由于水压力的存在，使水透过织物空隙到达另一面。

（2）织物的拒水性。织物的拒水性是指阻止液态水从织物一面渗透到另一面的性能。它主要受纤维性质、织物结构和后整理工艺的影响。吸湿差的织物、表面存在蜡质与油脂的织物一般具有较好的拒水性；在织物结构方面，织物紧度大的水分不易通过，具有一定的拒水性；在织物的后整理中通过防水整理是获得拒水性的主要途径。

6. 织物的抗静电性

织物静电产生和积累的程度为静电性。合成纤维由于含湿量低、结晶度高等特性，容易产生和积累静电。合成纤维织物上的静电一般可达 2000V，最高时可达 4000V 左右。虽然电流很小，不会对人体产生生命威胁，但会给使用者带来很多不适。

生活中穿着合成纤维织物，因穿着后产生运动摩擦生成和积累静电，当手指接触金属体时，会产生静电现象，与人握手也可能产生电击，晚上睡觉脱衣时有噼啪声，黑暗中还能见到暗黄色火星。

7. 织物的阻燃与抗熔融性

（1）织物的阻燃性。织物中的纺织纤维是否易于燃烧以及在燃烧过程中的燃烧速度、熔融、收缩等现象是纤维的燃烧性能。故提高织物的阻燃性目的是为了安全。当前我国强制要求公共场所使用纺织品及装饰品都必须达到一定的阻燃指标。对儿童服装和某些睡衣、被褥、窗帘等要求有较好的阻燃性。特殊用途的织物，如消防、军用及宇航用织物的阻燃性有特殊的要求。

（2）织物的抗熔融性。是指织物局部接触火星或燃着烟灰时产生熔融现象形成孔洞，抵抗熔融形成孔洞的程度为抗熔融性。织物发生熔融往往难以修复，并使外观变劣，甚至失去使用价值。合成纤维制成的面料用于服装尤为容易产生熔融，因而织物的抗熔融性对消费者来说非常重要。织物抗熔融性实质不单指织物中因纤维而产生的孔洞，它还广义地包括因纤维的分解或燃烧产生的孔洞。

8. 织物的功能性

织物的功能性表现在多个方面。如防辐射、防静电、防螨虫、防水与阻燃性等。常见的有以下两种。

（1）织物的抗紫外线性能。紫外线是一种电磁波，织物与其他物质一样，具有吸收各种电磁波的性能。服装的紫外线透过率与衣服厚度、面料的纤维成分、组织规格、色泽与花纹有关。衣服越厚，防紫外线性能越好。色泽中，红色是最纯防护色。纤维成分中棉织物是最易透过的面料。羊毛、蚕丝等蛋白纤维分子结构中含芳香族氨基酸，涤纶纤维的苯环结构等对300mm以下的紫外线有很强的吸收性，紫外线透过率很低。

（2）织物的抗菌性。织物的抗菌性是指织物具有抑制菌类生长的功能。主要通过各种抗菌整理来实现。抗菌整理主要是采用对人体无害的抗菌剂，通过化学结合等方法，使抗菌剂能够留存在织物上，经过直接作用或缓慢释放作用达到抑制菌类生长的目的。

## 二、服装面料的认知

用作服装面料的织物种类繁多，其性能、手感风格和外观特征各不相同，因此，在衣料选用和缝制加工过程中可依此进行鉴别判断。对服装面料的认知从宏观上要能辨识织物的正反面与经纬向，从微观上要能辨识织物的原料、织物的结构、织物的密度、织物中纱线的细度以及织物的体积重量。

### （一）面料正反面认知

服装进行制作时，多为织物的正面朝外，反面朝里，但也有为取得不同肌理效果而用反面作为服装正面用布的设计。一般而言，织物的正面质量优于反面。具体如何区分面料正反面，可以通过以下正反面的区别来辨识织物。

（1）织物正面的织纹、花纹、色泽通常清晰美观、立体感强。正面光洁、疵点少（图5-1-1）。织物的反面与正面相比较视觉效果较弱。

图5-1-1　织物的正面与反面

（2）凹凸织物正面紧密、细腻，条纹或图案突出，立体感强，反面较粗糙且有较长的浮长线（图5-1-2）。

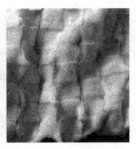

图5-1-2　凹凸织物的正面与反面

（3）印花织物花型清晰的一面为正面（图5-1-3）。

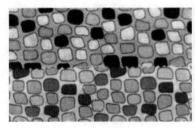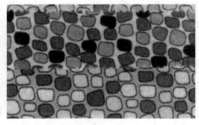

图5-1-3　印花织物的正面与反面

（4）纱罗织物其纹路清晰，绞经突出的一面为正面。

（5）布边光洁整齐的一面为正面。

（6）具有特殊外观的织物，以其突出风格或绚丽多彩的一面为正面。

（7）少量双面织物，两面均可作正面使用。

## （二）面料经纬向认知

面料的经纬向通常具有不同的物理性能。一般来说，经向的密度通常大于纬向，经向可以具有一定的悬垂性，而纬向的弹性多优于经向。织物的经纬向影响着服装的美观性、合体性、稳定性与耐用性。因而需要确定织物的经纬向，以保证服装的质量。通常确定织物经纬向的依据有如下几点。

（1）如织物上有布边，则与布边平行的为经纱，与布边垂直的为纬纱。

（2）织物的经纬密度若有差异，则密度大的一般为经纱，密度小的一般为纬纱。

（3）若织物中的纱线捻度不同时，捻度大的多数为经纱，捻度小的为纬纱。当一个方向有强捻纱存在时，则强捻纱为纬纱。

（4）纱罗织物，有绞经的方向为经向。

（5）毛巾织物，以起毛圈纱的方向为经向。

（6）筘痕明显的织物，其筘痕方向为织物经向。

（7）经纬纱如有单纱与股线的区别，一般股线为经纱，单纱为纬纱。

（8）用左右两手的食指与拇指相距1cm沿纱线对准并轻轻拉伸织物，如无一点松动，则为经向；如略有松动，则为纬向。

### （三）织物原料的鉴别

纤维是构成纺织品最基本的物质，不同的纤维、不同纤维成分的构成比例对织物的耐用性、舒适性、外观等有重要的影响。可以从织物的经向和纬向分别抽出纱线或纤维，选取合适的方法鉴定组成织物的原料。

鉴别纤维的方法主要有手感目测法、燃烧法、显微镜观察法、化学溶解法、药品着色法、熔点法和密度法等。各种方法各有特点，在纤维鉴别中，往往需要综合运用多种方法，才能做出准确的结论。此处仅介绍手感目测法、燃烧法、显微镜法与化学溶解法。

#### 1. 手感目测法

手感目测是指依据眼睛观察纤维的外观形态、色泽，手摸纤维或织物的手感、伸长、强度等特征来进行纤维的判别。天然纤维中棉、麻、毛均属于短纤维，长度整齐度较差。棉纤维细、短而手感柔软，并附有各种杂质和疵点；麻纤维手感粗硬，常因胶质而聚成小束；羊毛纤维柔软，具有天然卷曲而富有弹性；丝纤维细而长，具有特殊的光泽；化学纤维的长度一般较整齐，光泽不如蚕丝柔和。

手感目测法不需任何测量仪器，简便、经济，但这种鉴别方法又具有一定的局限性，一方面该方法需要丰富的实践经验，另一方面该方法难以鉴别化学纤维中的具体品种。

#### 2. 燃烧法

燃烧法是利用各种纤维的不同化学组成和燃烧特征来粗略地鉴别纤维种类。鉴别方法是用镊子夹住一小束纤维，慢慢移近火焰。仔细观察纤维接近火焰时、在火焰中以及离开火焰时，烟的颜色、燃烧的速度、燃烧后灰烬的特征以及燃烧时的气味来进行判别，表5-1-1所示为常见纤维的燃烧特征。

燃烧法是一种常用的鉴别方法，它操作简单，但这种方法只适用于单一成分的纤维、纱线和织物的鉴别。不能鉴别混纺产品、包芯纱产品以及经过防火、阻燃或其他整理的产品。

表 5 - 1 - 1  常见纤维的燃烧特征

| 常见纤维 | 接近火焰 | 在火焰中 | 离开火焰后 | 燃烧后残渣形态 | 燃烧时气味 |
|---|---|---|---|---|---|
| 棉、麻、黏胶纤维、富强纤维 | 不熔不缩 | 迅速燃烧 | 继续燃烧 | 少量灰白色的灰烬 | 烧纸味 |
| 羊毛、蚕丝 | 收缩 | 渐渐燃烧 | 不易燃烧 | 松脆黑色块状物 | 烧毛发臭味 |
| 涤纶 | 收缩、熔融 | 先熔后燃烧，且有熔液滴下 | 能燃烧 | 玻璃状黑褐色硬球 | 特殊芳香味 |
| 锦纶 | 收缩、熔融 | 先熔后燃烧，且有熔液滴下 | 能延烧 | 玻璃状黑褐色硬球 | 氨臭味 |
| 腈纶 | 收缩、微熔发焦 | 熔融燃烧，有发光小火花 | 继续燃烧 | 松脆黑色硬块 | 有辣味 |
| 维纶 | 收缩、熔融 | 燃烧 | 继续燃烧 | 松脆黑色硬块 | 特殊甜味 |
| 丙纶 | 缓慢收缩 | 熔融燃烧 | 继续燃烧 | 硬黄褐色球 | 轻微沥青味 |
| 氯纶 | 收缩 | 熔融燃烧，有大量黑烟 | 不能延烧 | 松脆黑色硬块 | 有氯化氢臭味 |

3. 溶解法

化学溶解法是利用各种纤维在不同的化学溶剂中的溶解性能来鉴别纤维的方法。这种方法适用于各种纺织材料，包括染色的和混合成分的纤维、纱线和织物。

鉴别时，对于纯纺织物，只要把一定浓度的溶剂注入盛有鉴别纤维的试管中，然后观察纤维在溶液中的溶解情况，如溶解、微溶解、部分溶解、不溶解等。并仔细记录溶解温度（常温溶解、加热溶解、煮沸溶解）。对于混纺织物，则需先把织物分解为纤维，然后放在凹面载玻片中，一边用溶液溶解，一边在显微镜下观察，从中观察两种纤维的溶解情况，以确定纤维种类。

溶剂的浓度和温度对纤维溶解性能有较明显的影响，因此，在用溶解法鉴别纤维时，应严格控制溶剂的浓度和溶解时的温度。各种纤维的溶解性如表 5 - 1 - 2 所示。

表 5 - 1 - 2　各种纤维的溶解性能

| 纤维种类 | 37%盐酸 24℃ | 75%盐酸 24℃ | 5%氢氧化钠煮沸 | 85%甲酸 24℃ |
|---|---|---|---|---|
| 棉 | I | S | I | I |
| 羊毛 | I | I | S | I |
| 蚕丝 | S | S | S | I |
| 麻 | I | S | I | I |
| 黏胶纤维 | S | S | I | I |
| 醋酯纤维 | S | S | P | S |
| 涤纶 | I | I | I | I |
| 锦纶 | S | S | I | S |
| 腈纶 | I | SS | I | I |
| 维纶 | S | S | I | S |
| 丙纶 | I | I | I | I |
| 氯纶 | I | I | I | I |
| 纤维种类 | 冰醋酸 24℃ | 间甲酚 24℃ | 二甲基甲酰胺 24℃ | 二甲苯 24℃ |
| 棉 | I | I | I | I |
| 羊毛 | I | I | I | I |
| 蚕丝 | I | I | I | I |
| 麻 | I | I | I | I |
| 黏胶纤维 | I | I | I | I |
| 醋酯纤维 | S | S | S | I |
| 涤纶 | I | S（93℃） | I | I |
| 锦纶 | I | S | I | I |
| 腈纶 | I | I | S（93℃） | I |
| 维纶 | I | S | I | I |
| 丙纶 | I | I | I | S |
| 氯纶 | I | I | S（93℃） | I |

注：S—溶解；SS—微溶；P—部分溶解；I—不溶解。

　　此外，鉴别纤维的方法还有双折射法、密度法、X 射线衍射法、含氯含氮呈色反应法、对照法等。

# 第二节　服装面料的基础设计

## 一、服装面料的外观设计基础

服装面料的外观决定了服装视觉风格，因此，运用各种题材的图案元素，根据服装不同的造型需要设计图纹，并结合面料色彩，整体设计出面料的外观，并使外观设计后的服装面料具备艺术特点，这是服装设计的一个重要环节。

### （一）服装面料的纹样设计

#### 1. 独立组织形式

独立组织形式的纹样亦称独幅纹样，是指造型完整的独幅类构图纹样（图5-2-1）。其形式多样，可繁可简，可工整可活泼。具体有以下几种。

（1）一主四宾式（图5-2-2）。一主四宾式构图是独立组织形式纹样中最为常见的形式。纹样画面的中央主体部位放置主花纹样，四个角配置大小适当的纹样作"呼应"。四个边角的纹样可以是对称相同的纹样，也可为形态各异的四种纹样。这种构图整体平实稳定、中心突出，俗称为"四菜一汤"式。

图5-2-1　中心对称式独幅图案　　　图5-2-2　一主四宾式独幅图案

（2）散点式（图5-2-3）。散点式构图，通常以两至七个散点纹样装饰画面。其特点是：不突出中心部位的点，不突出主体纹样3布局自由、灵活，形式活泼多样，自然随意，画面没有明显的视觉中心。

（3）多中心式（图5-2-4）。多中心式构图有主宾之分，纹样有多个中心，一般为两至四个不等，主宾关系的处理和一主四宾式构图类似，而多中心式是散点式和宾主式相结合运用的形式，画面中的多组大小纹样之间既能对比，也起到相互呼应的作用。

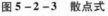

图5-2-3　散点式　　　　图5-2-4　多中心式

（4）子母式（图5-2-5）。子母式构图是在矩形或方形纹样画面的对角方向，安排一大一小两组纹样，在图案布局上形成轻与重、主与次、多与少的对比关系。

（5）对称式（图5-2-6）。对称式构图，可分为中心对称和轴对称，整幅纹样画面布局由两个、四个或多个相同的纹样部分组成。这类构图具有安定、均衡的形式美感。

图5-2-5　子母式　　　　图5-2-6　对称式

独立组织形式纹样在服装面料设计中常应用于特定的部位，例如，服装的衣领、口袋、衣身的某部位以及围巾、包袋等服饰配件上，其图案主要表现花草、植物、风景等题材。因此，在服饰整体设计中，独立组织形式的纹样能起强调、点缀的作用，能达到引人注目的效果。

2. 连续组织形式

连续组织形式是指花纹以重复出现的方式大面积平铺排列，表现形式为二方连续式、四方连续式。其主要特点是连续性强。

（1）二方连续式纹样。在独幅组织纹样的构图中，运用二方连续纹样将织物四周的边缘部分用线条形的装饰，上下、左右的方向，反复连续排列成带状二方连续纹样。它主要有以下几种。

①散点式：把一个或几个装饰元素组成的基本单位纹样，按照一定的空间、大小、距离、方向进行分散式的点状连续排列，这种构图形式称为散点式。

②折线式（图5-2-7）：将波浪式构图的骨格由曲线变为直线时，其构图方式也就转化为了折线式。折线式构图和波浪式构图相比，折线式二方连续纹样显得较硬朗、坚定。

图5-2-7　折线式二方连续纹样

③连环式（图5-2-8）：把圆形、涡旋形、椭圆形等基本形状作连环状排列，再在骨格的空间内饰以适当的纹样，进行不断地重复、连续，形成环环相扣的二方连续纹样，它是具有一定的韵律感的连环式构图。

图5-2-8　连环式二方连续纹样

④综合式（图5-2-9）：用两种以上的骨格组合构成的二方连续纹样构图称为综合式：这类构图形式通常以一种骨格为主，其他骨格为辅，以达到主题突出、层次鲜明、构图丰富的目的。

图5-2-9　综合式二方连续纹样

在二方连续纹样的设计中，骨格的组织结构非常重要。因为以骨格的设计和选择确定的纹样，确定了构图的节奏和韵律，这能在设计中恰当地表达自己的意图。在常用的骨格设计中，强调韵律感的纹样通常用流畅的弧线骨格比较适合，强调节奏感的纹样则多用点式骨格来表达。

（2）边缘连续纹样。边缘连续纹样是与二方连续相类似的纹样形式，主要表现为首尾相接，图形是呈圆环状或方环状的边缘纹样，在连续的过程中有一个用于转折方向的角纹装饰，角饰纹样造型和连续纹样部分有些不同，但在风格处理上则要求一致。

（3）四方连续纹样。四方连续纹样的骨格构成主要有散点式、连缀式、重叠式三种类型（图5-2-10）。

图5-2-10 四方连接纹样

## （二）面料纹样的风格特征

1. 纹样题材、纹样风格在面料的运用表现

（1）以花卉、植物为主题（图5-2-11）。在面料纹样的设计中，主题以花卉和其他植物为多，尤其用在多姿多彩的印花织物上。此类主题的纹样历史悠久，产生于公元前，根据地域的地理环境、气候不同就有不同纹样的要素。如埃及、古代波斯、印度、中国的纹样以植物为主题的有睡莲、棕榈、菩提树、唐草、宝相花、唐花、牡丹、莲花、菊花、玫瑰花等。

具有代表性的花卉、植物类纹样有玫瑰花图案、郁金香图案、喇叭花图案等。此类纹样不仅适宜做服装，也被建筑、工艺品等领域广泛使用。

图5-2-11 花卉印花图案

（2）以民族、民俗为主题（图5-2-12至图5-2-14）。以世界各地区、各民族的传统图案作为面料花纹的基础，设计具有异域风情的纹样，备受人们青睐。

　　以民族、民俗为主题的纹样，不但展现了繁荣的染织史，而且形成了纹样设计的新潮流，并能直接表现极具民族风格的服装外貌。因此，近年来在服装界流行着东方的、复古的潮流，同时以东西方传统纹样表现的面料图案也深受欢迎。

　　典型的民族纹样有佩兹利涡旋纹样、夏威夷印花纹样、美洲印第安图案、印度印花、爪哇蜡染印花、东方风格图案和中国蓝印花布、扎染图案等。

图 5 - 2 - 12
俄罗斯民族图案

图 5 - 2 - 13
佩兹利满族纹样

图 5 - 2 - 14
圣诞主题图案

　　（3）抽象、几何形为主题。几何纹样最早源于彩陶及原始器物上的纹样。其最具代表性的是点、线、十字、角、矩形、乳纹、直弧、三角、山形、文字、货币及蕨类等。亦有天文地理方面图像化的日、月、星、山、火和雷纹、云纹等纹样。许多极端抽象化的几何纹样，使人感到神秘而原始。我们将它们借鉴应用到面料花纹的设计中，会产生脱离具象的梦幻感。在运用几何形为主题的设计中，我们会更加注重面料花样的色彩设计（图 5 - 2 - 15）。现下，现代艺术与未来艺术作品中的抽象图纹也被广泛应用。

图 5 - 2 - 15　抽象几何纹样

　　（4）以动物、兽皮纹为主题。以动物的外形特征及动物、野兽表皮纹理作为素材而设计的纹样运用在服饰中，充满了现代时髦感（图 5 - 2 - 16）。时尚、随意和个性化是此类花纹的主要特点。同时对比强烈的斑斓色彩，配合模仿自然的图纹，能使人产生奇特的视觉感受。典型的动物纹样有鸟羽纹、蛇纹、虎纹、斑马纹等。

　　（5）儿童、卡通图案为主题。千姿百态的卡通形象的图案，常用于儿童的服装纹饰中（图 5 - 2 - 17）。典型的图案有米老鼠、兔八哥、加菲猫等，这些可爱的动物形象在卡通片中的精彩呈现，已征服了世界各地的观

**图 5 – 2 – 16　兽皮纹样、动物主题图案**

众，尤其深受儿童的喜爱。根据儿童及少年的心理特征，卡通形象纹样成了童装面料纹样的重要组成部分。另外，常采用动物、花草、房屋、车船等题材，设计成连续形式的小花型图纹，以适应儿童服装的款式设计和尺寸的要求。色彩方面往往采用鲜艳和有跳跃感的高彩度色、荧光色及粉彩色等。

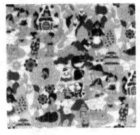

**图 5 – 2 – 17　卡通图案**

2. 表现织花纹样特点的要求

织花纹样是染织艺术织花门类中具有代表性的品种。其历史悠久、工艺精湛，具有独特的艺术风格。其以工整、精细见长，纹样以精致高贵、古色古香、花色华丽而著称于世，深受消费者的喜爱。具体特点如下。

（1）结构严谨。织物纹样无论是写实还是写意，是虚幻还是具象，最终所有花纹都要通过织物经纬交织的纱线来体现。所以织花纹样的各色纹样都要求脉络清晰，绘制到位，不能随意涂画。

（2）层次分明。织物纹样的色彩有限，技法也受到工艺的制约，画面的层次不多，所以花纹和地纹的处理必须要分明，套色也要清楚，表达不能含糊不清。

（3）花型丰满。作为写实花卉纹样，无论大、中、小花，造型都要饱满，大体呈球形，花瓣则要表现得圆润、柔和，以选择花的正侧面形象为佳。设计时一般在平涂的基础上辅以撇丝、枯笔、泥点、晕染等技法，形成有一定体积感、有如浅浮雕般的效果。

### （三）服装面料的色彩设计

服装面料的外观与色彩，应从服装的总体设计出发，根据色彩的色相、明度和纯度变化三方面进行分析，以表现风格相协调的花纹。例如，设计古典风格的服装面料时，纹样多选用表现古典的题材，有典雅华贵的花草纹样，亦有传统的条纹、格子构成的几何纹样。在色彩的设计上，为适应典雅的面料的怀旧情调，须寻求一种优雅、宁静的色彩形象。

休闲服装面料、民族服装面料等诸多风格的设计，在面料的花纹配色上都各自蕴藏着本民族特定时期的文化内涵和传统习惯，并借鉴各民族之间彼此的艺术风格，呈现出一种崭新的设计。因此，面料的花纹是多层次、多方位的，花纹和色彩的配置需要根据面料的整体风格进行设计。

服装面料外观效果的艺术性和整体性的体现是由面料色调来确定的。当面料的花纹面积大而余地少时，花的颜色作为设计的主色调，能够呈现单色多层次，或绚丽多彩的外观效果，能起到弥补某种面料材质低廉感和其他缺陷的作用（图5-2-18）；当面料的花纹面积小而余地多时，以地的颜色作为设计的主色调，能够给人以轻柔、理性的印象，也能显示某些面料材质的高档感（图5-2-19）。

图5-2-18　花的颜色为设计主色　　图5-2-19　地的颜色为设计主色

色彩的选择运用，加强了服装面料花纹所具有的民族性和时代性。如在面料纹样设计的选材上使用具有中国民族风格的传统图案，如牡丹、龙凤、中国文字等吉祥纹样，服装则被注入了更具代表性的民族气息以及它所代表的祥瑞之意（图5-2-20、图5-2-21）。

许多国家的著名设计师都是根据民族的风格特点，选用色彩。例如，中国印象的色彩以深沉、丰富的高彩度为特征。在红绿相间的配色中添加金黄、宝石绿、紫罗兰色等，组成深沉而鲜艳的色调，则强化了服饰图案的中国民族特色。

5-2-20　民俗纹样（一）　　图5-2-21　民俗纹样（二）

### （四）织物的风格特征

织物因纤维原料、纱线组成以及组织结构的多样化，呈现出多样化的外观效果。通常风格特征是指服装面料作用于人的感觉器官所产生的综合反应，它是受物理、生理和心理因素的共同作用。

织物的外观风格主要包括视觉外观特征、触觉特征、听觉特征和嗅觉特征等。

1. 视觉外观特征

以人的视觉感官——眼睛，对织物外观所作的评价，即用眼观看织物得到的印象。这也是织物给人的第一印象。织物的视觉外观描述包含颜色、光泽、表面特征等指标。

用于描述织物光泽的用语主要有自然与生硬、柔和与刺眼、明亮与暗淡、强烈与微弱等；用于描述面料颜色的用语主要有纯正、匀净、鲜艳、单一、夹花、悦目、呆板、流行、过时等；用于描述面料表面特征的用语有平整与凹凸、光洁与粗糙、纹路清晰与模糊、肌理粗狂与细腻、经平纬直、无杂无疵等。

2. 触觉特征

以人的触觉感官——手，对织物的触摸感觉所作的评价，也称为手感。通过手在平行于织物平面方向上的抚摸，垂直于织物平面方向上的按压及握持，抓捏织物获得触觉效果。面料的触觉特征主要包含面料的软硬度、冷暖感与表面特征等。

用以描述面料软硬度的词语为：柔软、生硬、软烂、有身骨架、板结；用于描述面料冷暖感的词语为：温暖、凉爽等；用于描述面料表面特征的词语为：光滑、爽洁、滑糯、平挺、粗糙、黏涩等。

3. 听觉特征

以人的听觉器官——耳朵，对织物摩擦、飘动时发出的声响做出评价。不同织物与不同物体摩擦会发出不同的声响。在穿着过程中，由于身体运动，衣料会发出声响；当风吹拂时，织物飘动亦有声响。声响有大与小、柔和与刺激、悦耳与烦躁、清亮与沉闷等之分。

长丝织物较短纤维织物声响清亮、悦耳，如真丝具有悦耳的丝鸣声。相同材料的织物，紧密、硬挺、光滑声响明显。织物声响在特定的情景下，对服装起一定的烘托作用。如婚纱、礼服等，与灯光、音乐、背景相辉映；帷幕、窗帘、旗帜飘动时，声响效果使环境增添一种流畅感。

4.嗅觉特征

人的嗅觉感官——鼻，对织物发出的气味做出评价。清洁、干燥、无污染的织物一般无特殊气味；印染织物，如水洗处理不当，会使织物带有染料气味；动物毛皮经鞣制处理不当，会带有点动物毛皮气味；为了防蛀，织物带有樟脑精气味；腈纶绒线和织物会有化纤特有的"气味"。有些织物有"香味"，是根据消费者需要，经改造纤维或后整理处理而产生的。

## 二、面料的服用性能设计

织物面料在穿着与洗涤过程中，会受到反复的拉伸、弯曲、摩擦、日晒等物理作用，因而在进行织物的设计时，也需要考虑这些方面对织物性能的影响。同时，研究表明，消费者对于服装的穿着舒适性的要求日益提高，织物穿着舒适性的设计极为重要。主要包括热舒适性、湿舒适性与触感舒适性的设计。随着新型面料的研发与后整理技术的发展，人们对功能性面料的要求越来越高，本节将重点介绍织物的功能性设计。

### （一）织物的耐用性能设计

衡量面料力学性能的指标有很多，主要包括拉伸强度、撕破强度、顶破强度、耐磨性能。这些指标主要用来衡量织物的耐用性。

服装在穿着过程中，臀、膝、肘、领、袖、裤脚等部位因受到各种摩擦而引起损坏，使服装的强度、厚度减小，外观上发生起毛现象，失去光泽，褪色，甚至出现破洞的情况，这种破坏称为磨损。耐磨性能是指织物具有的抵抗磨损的特性。耐磨性能的重要性主要体现在工作服装和儿童服装的设计中。

纯纺织物的力学性能直接取决于织物的原料与纱线。若想改善织物的力学性能，可以通过与力学性能优良的其他纤维混纺。例如，棉的舒适性优良，但保形性较弱，制作外衣时，挺括度不够，可以通过涤/棉混纺，提高织物的力学性能，提升服装的外观美感。

## （二）面料的舒适性能设计

服装穿着的舒适感是衡量服装材料的重要指标。除了纤维本身特有的性能使服装有舒适感外，还可以通过改善衣着纤维的性能来达到一定的舒适水平，它具体在以下两个方面。

1. 热湿舒适性

服装在穿着过程中，调节着人体与环境所进行的能量交换，使人体的体温维持在一定水平，从而保持热与湿的舒适感。服装的款式以及着衣的方式会影响服装对于热湿的调节，而织物自身性能更是与服装热湿调节的能力关系密切。织物的热湿舒适性能包括隔热性、透气性、吸湿性、透湿性、透水性、保水性等。我们着重介绍保暖性能中的隔热性与湿舒适性中的吸湿性。

衡量织物保暖性能最常用的指标为热阻，热阻可以用热欧姆表示，也可以采用克罗值表示。织物的保暖性能与纤维的原料、纱线的细度、织物的密度与厚度关系密切。在纱线、织物结构一定的情况下，织物的保暖性能主要取决于纤维。

天然纤维中的棉、毛、丝的保暖性能俱佳。由于棉纤维内部充满了死腔空气，导热系数小，因而棉织物的保暖性好。另外，羊毛的导热系数也小，同时羊毛纤维卷曲易于束缚静止空气，因而也适宜制作对保暖性要求高的服装。

织物面料吸收气态水分的能力称为织物的吸湿性，织物放出气态水分的能力称为织物的放湿性。人体不断地通过皮肤向体外释放水分，调节人体的体温。这种释放水分的方式有两种表现形式：一种是出汗的显性蒸发，另一种是没有显汗的不感知蒸发。如果这些水分不能及时地被面料吸收或者透过面料释放到环境中，人体就会感到闷热或潮湿，引起人体的不适。

夏季服装与内衣的设计要求织物具有良好的吸湿与放湿的能力。织物的吸湿性主要取决于纤维原料的吸湿性。织物吸湿性的表征指标是回潮率，回潮率越大，吸湿性越好。同时织物的吸湿性能还受纱线结构、织物结构和后整理的影响。天然纤维的吸湿性良好，化学纤维中的再生纤维素纤维的吸湿性接近于天然纤维，大多数化学纤维的吸湿性差。但经过设计的异形截面纤维可表现优良的吸湿性，例如，美国杜邦公司研发的Coolmax吸湿排汗纤维是设计高端运动服装的首选。

2. 触感舒适性

触感舒适性主要针对贴身穿着的服装。它包括接触冷暖感、刺痒感与压力感。

影响织物冷暖感的主要因素有纤维原料、纱线结构、织物结构等。

当织物与皮肤接触时，由于织物与皮肤之间的相互挤压、摩擦，使皮肤产生刺痛和瘙痒的不适感，就是织物的刺痒感。织物的刺痒感主要产生于毛衣、粗纺毛织物和麻织物等。

服装的压力舒适性主要针对紧身服装，如女性胸衣、牛仔裤等紧身服装。如果服装对人体产生过大的压力，会对人体造成不适感甚至病变。而贴身穿着的女性胸衣对于压力舒适性的要求则更高。因此压力舒适性与织物的弹性、服装的结构设计关系密切，也可以从这两个方面改善服装的压力舒适性。

## （三）面料的功能性设计

由于目前有许多特殊的领域和特殊工种，所以需要特别的功能性服装。因此，织物的功能性设计是重要的一环。例如，消防服装、抗菌服装、潜水服装、航天服装等都不是一般意义上的服装，而称之为功能性服装。

功能性服装的设计首先是依据所需功能的要求，选用可以满足该种功能的纤维材料。

当单层功能纤维无法满足人们对功能服装的需求时，可以考虑服装的多层设计。例如，热防护服装的主要功能要求是耐高温、阻燃，因而可以选用耐燃性能优良的纤维，如芳砜纶等。而热防护服装只考虑耐高温、阻燃还不足以达到保护消防员的目的，因为救火过程中消防员体内产生的热湿也需要及时散发，否则也会导致消防员处于危险之中。因而在热防护服装内层的材料设计中还应选取具有良好吸湿、透气的面料，同时外层面料应能防火、透湿。此外，还可以对织物进行阻燃整理，从而达到防火的目的。目前，功能性服装被应用在了各种特殊的工种中，如航天服、热防护服、防辐射服等（图 5 - 2 - 22）。

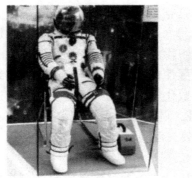

图 5 - 2 - 22　神舟九号航天服、热防护服、防辐射服

# 第三节　服装面料的应用设计

## 一、童装、老年装面料应用设计

儿童、老人是两个特殊群体，他们的服装除了常规功能要求外，还有年龄的特殊需求。

### （一）童装

童装可分为婴儿装、幼儿装、少童装等。由于儿童的皮肤娇嫩，所以服装在面料材质上，首先要选择适应儿童细嫩娇柔的肌肤，按国家标准要求对童装面料进行选择。如儿童用面料，根据国家强制性标准，面料的甲醛含量为0，且手感柔软、吸湿透气性强的天然纤维面料。同时，面料的视觉设计要符合儿童生理、心理需要，如色彩、图案的设计要有童趣。在材料设计方面，以舒适性、透气性、耐磨性等为优先考虑的因素。

（1）由于婴儿的皮肤非常柔嫩，排汗量大，大小便排泄频繁，因而婴儿装的面料以柔软、耐洗涤、吸湿与保温性能良好的棉、毛织物为主，如细平布、泡泡纱、毛巾布、精纺毛织物、法兰绒等天然纤维材料。

（2）幼儿装以柔软结实、耐洗涤、不褪色的平纹织物、府绸织物以及毛织物或混纺交织物等面料为宜，还应注意选用质地柔软的织物，夏季注重吸湿性，冬季选用保暖性好、重量轻的面料。

（3）少童装讲究柔软、宽松、易于穿脱、便于活动。所以，面料应尽量选用牢度好、舒适、耐洗涤、不褪色、不缩水的面料。夏季可用吸湿和透气性较好的细平布、色织条格布、泡泡纱（图5－3－1）等，冬季和春季可选用厚棉布、卡其及各种混纺织物。

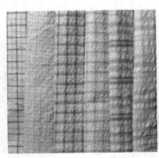

**图5－3－1　泡泡纱与童趣图案**

童装面料的中性色调始终主导着童装面料的色彩，例如，红色系列中柔和的桃红色、鲜嫩的粉红色，浅淡的中明度橙红色与之相互交映，蓝色系列中柔嫩的浅蓝色也成为主流色彩。在注意色彩的应用时，还要关注儿童面料的时尚趋势，让孩子们也能从小领略时尚的要素。

### （二）中老年服装面料设计

目前，中老年人对服饰、仪表的要求也是与时俱进，不同的身份、经历使他们具有不同的审美情趣。因此，总体概括中老年人群对服装的选择是：以端庄文雅的传统风格融入现代人所崇尚的简洁、大方、实用、自然的服装为主。同时中老年人群对于服装的要求，已经一改过去要求耐穿、价廉，而是要服装能够和自己的身份、生活环境相融合，要能体现自己的个性和爱好，以及他们对美的认识和自己人生的阅历。他们喜欢的面料，以舒适、柔软、透湿透气性能强的天然纤维织物面料为首选。普通的化纤、混纺织物以其价格偏低、实用性强的面料，成为他们用以日常外套的面料选择。在选择面料材料时，他们会综合自己的体型、肤色、个性等因素来选择，如胖体型会选择薄厚适中、较挺括的面料。

瘦体型比较适合柔软而富有弹性的服装面料等。皮革类的服装是他们理想的冬季服装，但价格可能会影响他们的购买力。

## 二、各类服装主要款式用面料

### （一）西服

西服，源于欧洲，它通常指男西式套装（图5-3-2）。西服有两件套（上、下装），三件套（上、下装和背心），单装（上、下装用不同材料、不同工艺、不同色彩）等多种组合。西服领有平驳头和戗驳头等不同款式，前身有单排扣与双排扣，为了活动方便，西服的款式还设有背开衩、旁开衩等。除了正装西服，目前还有休闲西服，而且款式多样，色彩丰富。

1. 男式西服

男式西服（二件套或三件套装），面料以纯毛面料、毛/其他纤维混纺面料为主，在不同场合选用不同面料，款式为单排扣和双排扣。

通常正式的西装选用各类全毛精纺、粗纺呢绒面料。在正式场合穿着的西装用面料十分讲究，以光洁平整、丰糯厚实的精纺毛料为主，精纺织物如驼丝锦、贡呢、花呢、哔叽、华达呢等；粗纺织物

图5-3-2　正装西服

如麦尔登、海军呢、海力蒙等，这些面料质地柔软、细密，厚薄适中，是男式西服非常好的面料选择。男西装（正装）除了以全毛精纺或粗纺面料为主外，含毛量在80%以上的混纺毛织物同样适用于做西服正装。

除正装西服外，对于其他类别的西装，如休闲西装可以用山羊绒（图5－3－3）、骆驼绒、兔毛等。除了纯纺面料，也多有日常穿着的西服使用混纺面料（图5－3－4），一般毛的比例少于50%。除此之外，也有化纤毛型织物如中长花呢、华达呢等，使用也较频繁，由于面料价格便宜，所以是有一定消费群体认可的面料。

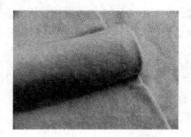
图5－3－3　山羊绒面料

图5－3－4　驼绒混纺面料

常见的男西服正装的面料有啥味呢、凡立丁等。下面简单介绍一下这两种面料：

啥味呢（semifinish）（图5－3－5）是用精梳毛纱织制的中厚型混色斜纹、轻缩绒整理毛织物。织物适宜于做裤料和春秋季便装。

凡立丁（valitin）（图5－3－6）又叫薄毛呢，是精纺毛产品中的夏令织物品种，采用平纹组织，其特点是毛纱细，密度稀，呢面光洁轻薄，手感挺滑，弹性好，色泽鲜艳耐洗，抗皱性能强，透气性好。它是良好的春季衣料中经纬密度在精纺呢绒中最小的面料。

图5－3－5　啥味呢

图5－3－6　凡立丁

2. 西装便服（休闲西装）

可以选择棉、麻、丝等织物，亚麻织物（图5－3－7）、真丝织物（图5－3－8）、双面针织物（图5－3－9）等在单件西装中采用较多。

男式薄型西装，一般选用面料密度较小、手感轻软的精纺面料，如薄花呢、单面华达呢、凡立丁等；棉、麻、丝的混纺织物和化纤的混纺织物也适宜做薄型西装。

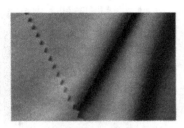

图 5-3-7　亚麻面料　　　图 5-3-8　真丝织物　　　图 5-3-9　双面针织面料

用棉织物及其混纺产品做成的西装是便装，麻织物、丝织物是西装面料中"异军突起"的材料。用麻、涤丝、涤棉、涤纶等纤维混纺的织物，既保留了天然织物的特点，同时又具有化学纤维的平挺、不易沾污的特点，选用此类面料制成的西装风格别样，而且价格适宜。

在各类档次的呢绒面料中，高、中、低档都可用于制作男式西便服，特别是涤毛织物，缩水率小、平整、光洁、平挺、不变形，制成的西装易洗、易干、耐磨、耐穿、免熨烫。各类仿毛织物、棉织物（如灯芯绒）以及各类化纤织物因其价格低廉，花式品种各具特色，也常用于制作西便服。

灯芯绒（图 5-3-10）是割纬起绒，表面形成纵向绒条（像一条条灯草芯）的棉织物。灯芯绒质地厚实，保暖性好，适宜制作秋冬季外衣面料。

法兰绒（Flano，Flannel）（图 5-3-11）一词系外来语，于 18 世纪创制于英国的威尔士。它是一种用粗梳毛（棉）纱织制的柔软而有绒面，其反面不露织纹，有一层丰满细洁的绒毛覆盖毛（棉）织物。它适宜用于制作各种大衣及毛（棉）毯。

图 5-3-10　灯芯绒面料　　　　图 5-3-11　法兰绒面料

### 3. 女式西服

女式西服一般选用各类精纺或粗纺呢绒来制作。精纺花呢具有手感滑爽、坚固耐穿、织物光洁、挺括不皱、易洗免烫的特点，是女西服的理想面料。常用的有精纺羊绒花呢、女衣呢、人字花呢（图5-3-12）等。花呢类是呢绒中花色变化最多的品种，有薄、中、厚之分。粗纺呢绒一般具有蓬松、柔软、丰满、厚实的特点，一般适合深秋或初春较为寒冷季节穿着，如麦尔登、海军呢、粗花呢、法兰绒、女式呢等。

女式单件西装要根据不同款式、造型风格选择面料。宽松型西装有较浓的时装味，其选料的范围较大，在不同季节、场合，可选用棉、麻、丝、毛等纺织面料3同时也可以根据个人喜好，选用其他面料，如窄条灯芯绒呢、细帆布、亚麻布、条纹布等棉、麻织物。对合体型西装一般多选用各类精、粗纺呢绒及各种化纤织物，如涤黏平纹呢、涤棉卡其、中长华达呢等面料。不同材质的面料，可以从不同角度表达女性的内涵。下面介绍一种独特的休闲西装外套的面料。

细帆布（canvas）（图5-3-13）是一种较粗厚的棉织物或麻织物。因最初用于船帆而得名。一般多采用纱支细、密度高、克重低的涤棉或者纯棉平纹组织，少量用斜纹组织，经纬纱均用多股线。帆布通常分粗帆布和细帆布两大类。

图5-3-12 女式人字呢西装大衣　　图5-3-13 细帆布面料

### （二）裙子

裙子是遮盖下半身的筒形下装，它是人类历史上最早出现的服装。随着历史的进程，时代的变迁，裙子的款式日趋美观、时尚。对自己的体型不是太满意的女性可以选择大裙摆的裙子。因为，这能够充分显示女性腰部的苗条曲线，并能遮盖一些体型上的不完美。

### 1. 长、短裙装

长、短裙装可以作为秋冬季、春夏季的下装。秋冬季裙装，可以选用女式呢、啥味呢、薄型花呢做长裙较合适，适宜深秋初冬时节穿着。春季裙装，可以选用杏皮桃、中长华达呢、毛涤哔叽等面料。夏季裙装，可以选择轻薄、柔软的面料，如柔姿纱、富春纺、麻纺等飘逸轻柔的面料，制作短裙、连衣裙、喇叭裙，这些裙装透气性好，行走时飘逸，能驱湿热，凉爽舒适（图5-3-14）。

图 5-3-14　长裙　短裙

2. 西装套裙

西装裙与西服配套，可组成上下装。一般要求面料手感光滑丰满、悬垂性好、挺括、有丝绒感，可选用各类毛织物，如轧别丁、法兰绒、薄花呢、女式呢等，还有各种较为挺括、厚实的条格面料和点子面料（图5-3-15）。

春夏季西装套裙（图5-3-16），可选用丝绸面料，穿着舒适，典雅。也可选用麻纱、人造棉、府绸等面料，它们具有吸汗的特点，穿着也极为舒适。

图 5-3-15　西装套裙　　　　图 5-3-16　夏季西装套裙

3. 一步裙

穿着一步裙后差不多只能迈一步距离，只能慢走，不能跑，不能做多种大幅度的身体动作，但却是非常具有女人味的一款裙装。一步裙适合办公室女性在工作中穿着。在生活中，因为穿一步裙局限性大，行动非常不便，因此，在日常生活中少有人穿着（图5-3-17）。

全毛、混纺的呢料是制作冬季一步裙的常用面料，在春夏交替的季节，一步裙的面料还可以使用各种纯棉纺织或混纺织的薄型织物，夏季一步裙可以选择乔其纱、帐花呢、花瑶、绵绸、杏皮桃、柔姿纱等面料。面料若较透明，可用衬里或是配以衬裙，还可以在关键部位加以装饰，使之产生不同寻常的魅力。用牛仔布做成的一步裙以其充满青春活力的风貌，在流行的新潮中备受喜爱。

4. 连衣裙

夏季穿用的连衣裙，是最能显示女性形体美的裙装。为此，连衣裙要求款式新颖、多样、漂亮，面料轻盈、悬垂自然、凉爽、透气、吸水性好。常用的轻薄的织物有棉布、丝绸、亚麻织物和化纤等织物，还有薄型的针织汗布、棉毛布、罗纹布、真丝双绉、乔其纱、夏夜纱等，都是制作连衣裙的理想面料（图 5 - 3 - 18）。

图 5 - 3 - 17　一步裙　　　　　　图 5 - 3 - 18　连衣裙

5. 衬裙

用绢纺、电力纺、美丽绸等织物制作的衬裙，柔软舒适，有利于衣服内外空气流通和热量散发，玻璃纱也比较适宜制作短衬裙。

**（三）裤装**

1. 西裤

（1）男西裤（图 5 - 3 - 19）一般与西服搭配穿着。作为男西裤的面料，要求平挺滑爽，牢度好。若是制作轻薄的男西裤，宜选择平挺、干爽、吸湿、悬垂性好、织纹细腻的面料，如全毛凡立丁、派力司、单面华达呢、双面卡其、涤棉、纯棉府绸平布，或具有麻织物风格、质地爽挺的化纤织物。春秋用男西裤以平挺丰满、厚实的织物为好，传统西裤多用轧别丁、法兰绒、卡其、哔叽为面料，也常用涤纶花呢、中长织物做面料。

（2）女西裤（图 5 - 3 - 20）。女西裤选料范围较大，春秋季以全毛、毛涤、棉混纺和各类化纤织物为主，如薄花呢、单面华达呢、毛涤凡立丁、轧别丁、法兰绒、卡其、灯芯绒、细帆布等，其中格子花呢、人字纹花呢等一些中厚花呢，是较理想的西装裤面料：这些织物面料所用纱支高，织品密度大，质地紧密，呢面细洁，织纹清晰，丰满而滑爽，色泽鲜明，挺括，弹性好，不易沾污，经久耐用。用这样的面料制成的女西装裤，造型优雅合体。夏季西裤可选用丝绸类织物，也可以选全棉、棉麻等织物，如双绉、乔其纱、绵绸、卡其等，这些面料具有透气性好、穿着舒适。

图 5 - 3 - 19　男西裤　　　图 5 - 3 - 20　女西裤

　　曾有人试用一些较为轻薄的面料制作西装裤，与挺括的西服上装搭配穿，由此产生强烈的对比，产生意想不到的效果。这启发我们用支数相差悬殊的面料搭配上下装，可能会达到独特的视觉效果。还有用重磅仿真丝织物，如重磅涤双绉、重磅亚麻呢以及有良好悬垂性的针织面料等，制成的女西裤具有时装韵味，可以灵活地与羊毛衫、时装衬衫配合穿着。

　　2. 宽松裤

　　不同类型的着装者对宽松裤的面料质地和色彩有不同的选择。对喜欢穿着随意自在的人来说，颜色朴素、大方，质地较为粗糙的面料才是他们的最爱。如果要穿着讲究，那么马裤呢或斜纹织物的宽松裤是最好的选择。在寒冷季节里，棕色、栗褐色、深灰色灯芯绒面料的宽松裤最漂亮，天气暖和时，可以选用黄色丝光卡其或靛蓝牛仔布的宽松裤。对于稳健保守的人穿着的宽松裤，或许仍喜欢传统的样式和柔和的色调，以保持风格，对他们来说，冷天穿用灰色法兰绒宽松裤，而棕色卡其、细条灯芯绒和奶白色巧克丁则作为春秋穿着的宽松裤。

　　风雅型男士，总是喜欢衣着雅致合时，干净利落，所以他们对宽松裤的选料十分考究，常以上乘的面料为主。比较开放的男士选用在休闲场合穿着的宽松裤料，一般选择华达呢、巧克丁（图 5 - 3 - 21）、纯棉细条灯芯绒、优质棉双面卡其、涤棉线呢（图5-3-22）等织物。如果要变换花样，可以选用文静的方格呢、白色细帆布、灰色法兰绒浅淡的棕色华达呢等面料。下面介绍一种适于做宽松裤的面料——巧克丁。

图5-3-21　巧克丁面料　　　　图5-3-22　涤棉线呢面料

巧克丁（tric oti ne）有"针织"的意思，其呢面织纹比马裤呢细，采用变化斜纹组织，呢面呈斜条组织形状，与针织罗纹相似。适宜做运动装、制服、裤料和风衣等。

3. 牛仔裤

质地坚硬、厚实的斜纹面料可做成牛仔裤，牛仔布常要水洗石磨，经多次洗磨后，颜色更加鲜亮，布面上产生微小白毛，呈现出牛仔布的特有风格（图5-3-23）。

4. 健美裤

健美裤（图5-3-24）使用各种轻薄的或弹性良好的面料制作，如羊绒弹力布、涤纶弹力布、氨纶弹力布（图5-3-25），还有一种内穿的健美裤，是用羊毛或羊毛与其他材料混纺的针织健美裤。这种健美裤保暖性相当好，冬季可当内衬裤穿，可以丝毫不影响外裤的造型。

图5-3-23　牛仔裤　　　　　　图5-3-24　健美裤

5. 短裤

传统的短裤较适宜于中、老年人穿着。使用涤棉卡其、薄花呢、凉爽呢等面料，做成的裤子平挺，再配上T恤或衬衫，显得更加有风度。

宽松式短裤（图5-3-26），采用宽松结构，抽褶、折宽褶等工艺，增加了裤子的宽松舒适程度。纯棉织物和人造棉织物透气性好，质地柔软，很适合做宽松短裤。真丝双绉、真丝砂洗也是流行的女式短裤面料，其质地滑爽，适合夏季穿着。各类印花的、条格的棉织物面料，制成的短裤随意轻松，又不失时尚，深受少女们的喜爱。

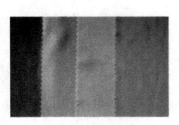

图 5 - 3 - 25　弹力布面料

图 5 - 3 - 26　女士短裤

### （四）大衣

大衣的种类较多，以面料区分，有呢大衣、皮大衣、羊绒大衣、羊毛大衣、羽绒大衣等；以款式区分，有长大衣、短大衣、轻便大衣、军大衣等。秋冬季所用面料以丰厚柔软、富有弹性、光足、色泽好为标准。

1. 男式大衣

男式厚呢大衣以灰、蓝、黑等深色为主。其传统面料为拷花大衣呢、海军呢、羊绒织物、驼绒织物、粗花呢等粗纺毛料及缎背华达呢、马裤呢、华达呢等精纺毛织物，是做厚呢大衣的理想面料（图 5 - 3 - 27）。

目前在国外，打猎露营用的运动大衣，是以防雨布或厚大衣呢制成的起绒粗呢大衣，已在很多场合中代替了厚呢大衣。

2. 女式大衣

女式中长和长大衣选料要求厚实、丰满、滑糯。羊绒、驼绒及各种羊毛织物较贵重，如细腻的羊绒大衣呢、面料表面可见丝丝银线般的银枪大衣呢、各种拷花大衣呢、平厚大衣呢、立绒大衣呢、顺毛大衣呢等是制作女式大衣的主要面料，也有些女式大衣以精纺毛织物制成。其他大众面料如各种化纤仿毛织物、涂层防水布、高密斜纹布、磨毛卡其、哔叽也都有选用。为了使大衣更加美观，还会用裘皮及人造毛皮制成衣领或装饰袖、袋及下摆（图 5 - 3 - 28）。

3. 幼童大衣

幼童大衣的选料以灯芯绒、尼丝纺、牛仔布、卡其、巧克丁、平绒及各种化纤织物为主，特别是各种动感韵律强的、对比明显的条格面料及印花面料是幼童大衣的理想选材。女童大衣也常以提花绸为主要面料，同时选用软缎、织锦缎、古香缎或人造棉印花布等面料的也比较多。

图 5 - 3 - 27　男式大衣

图 5 - 3 - 28　女式大衣

## （五）羽绒服

羽绒服是一种常用的防寒服装。它是用经过精选、药物消毒、高温烘干的鹅绒毛或鸭绒毛作填充物，用各种优质薄细布作胆衬料，根据设计的服装款式，用直缝格或斜缝格制出衣坯，固定羽绒，用各色尼龙布作内"胆"，以高密度的防绒、防水的真丝塔夫绸、锦纶塔夫绸等织物作面料，缝合而成。市场上常见的品种有羽绒夹克衫、羽绒大衣、羽绒背心、羽绒裤等。近年特别流行藏胆式易拆洗的羽绒大衣及各种穿着显腰身的新款式羽绒服。

羽绒服面料可简单分为硬、软两类。质地较"硬"的面料平整、挺括，制成的衣服穿起来精神、潇洒。质地"柔软"的面料轻软、细密，制成的衣服穿着舒适、随意，保暖性较前者更好。

目前，使用较多的羽绒服面料为高支高密羽绒布和尼龙涂层等织物，对于面料要求紧密丰厚，平挺结实，耐磨拒污，防水抗风。各种全毛高支华达呢、哔叽相对比较高档，一般的高支高密卡其、涂层府绸、尼丝纺及各式条格印花织物都能选用，还可以用不同的面料进行拼接。羽绒服的内囊用料以防羽府绸、卡其、尼龙绸为佳。

羽绒服的内囊以羽绒、化纤絮片作为填充物，用得较多的有中空腈纶絮片，还有用涤纶短纤新型材料。羽绒做填充物的服装舒适，透气性好，缺点是容易"钻绒"，洗涤后没有蓬松感，保暖性会差。化纤填充物不会钻出织物，不易受潮，洗涤后不会像羽绒一样瘪下，且容易干燥。此类填充物对织物面料无特殊要求，普通织物诸如织花、印花布、线呢等均能使用。

# 第四节  服装面料与配饰的搭配设计

服装配饰与服装面料的关系是局部与整体的关系。离开服装（面料）配饰是没有意义的。然而，点缀的服饰配件也不能随意与其他不相关主体搭配。点缀物要恰如其分地出现在应该出现的"配角"部位，使人充满青春的活力，生机盎然。在服装上配以饰品，会对服装的整个造型起到"画龙点睛"的作用。服、饰搭配完美，能反映出一个人的文化修养和审美水平。它是服装整体不可或缺的组成部分（图5－4－1至图5－4－5）。

图5－4－1  服饰配件搭配实例之一

图5－4－2  服饰配件搭配实例之二

图5－4－3  服饰配件搭配实例之三　　　图5－4－4  头巾搭配实例

**图 5 - 4 - 5　服饰配件搭配实例之四**

服饰配件有头饰、挂饰、腰饰、面饰、脚饰、颈饰、耳饰等，它们各有不同的用途，由此产生了各种不同材料的配件装饰品。如金、银、宝石制作的项链、手镯、耳环、戒指、胸花、别针等，还有用不同的纤维材料制作的发卡、纽扣、腰带、方巾、帽子、鲜花、绢花、提包、袜子、鞋、伞等。

由于服饰配件在服装中是"配角"，所以它的色彩常是中性色或无彩色，体量上较小，起到点的效果。在使用这些装饰用的点缀时，一般采用统一融合的方法。如西方的婚礼服，则用白色的耳环、项链、手套、皮鞋、头饰，手里拿着白色的花束。这些点缀与白色婚礼装组合成一派冰清玉洁的色彩气氛相融合。另外，也可以使用面积悬殊的对比色配饰做点缀，起到呼应和关联的作用，或起到强调、分离、淡化的作用。服饰配件虽然是配角，但对整体服装效果却是不容忽视的。

现代服装中服饰丰富多变，其变化许多是通过服饰配件来实现的。如采用不对称的划分形式、斜线划分形式、交叉线划分形式、自由线划分形式、多种线组合形式都离不开运用服装的配件来组合。例如，服装配件方巾，在组合不对称线的划分形式中能起到举足轻重的作用。过去方巾仅用来包头、围颈，而现在可以成为全身服饰的装饰品；过去方巾只适用于秋、冬季，现在四季都用。方巾的用途广泛，款式多样，色彩艳丽。方巾用以包头可衬托脸容的艳美。方巾包头前倾时，脸部显得秀美；后倾时，使脸型显得宽阔。用方巾围颈，方巾色彩与服装的色彩形成对比，起到点缀作用。方巾斜向披肩时，可构成一种优美活泼的灵动感。方巾用来束腰，或扎在发髻上，或拿在手中，或系在背包上，都使人感到别致、清新。

用方巾制作服装大致是：2 ~ 3 块方巾可制作一件上衣；3 ~ 4 块方巾可制作一条裙子；13 条方巾可缝制一套礼服。方巾的花纹图案变化能产生意想不到的效果，这是普通面料花纹所不能达到的效果。方巾作为披肩时，可与裙子、上衣、裤子、帽子、鞋等搭配，尤其是当方巾和服装的质地不同时，更能产生一种别具一格的独特效果。

使用自由线划分形式时，装饰腰带是最突出的使用对象（图5-4-6）。通过腰带的对比或类似的手法实现整体服装的和谐。如白色套裙，为了求得变化，可系一条色彩鲜艳的腰带；质地轻而薄的面料可搭配较细小精致的腰带。或以套装中的相同面料做腰环，可收到既变化又谐调的效果。

图5-4-6 服饰配件——腰带搭配实例

# 第六章 立体造型的工具材料与技术准备

从大体上来讲，服装设计包括三大部分，即款式设计、结构设计以及工艺设计。立体造型作为服装结构设计的重要技术，是将面料在人体或人体模型上直接塑形、裁剪，并最终获得平面样板的操作过程。它对于服装外形美与结构美效果的表达，能够产生重要影响。下面，我们主要围绕立体造型的工具材料与技术准备展开具体论述。

## 第一节 立体造型常用工具

实际上，立体造型的常用工具有很多，包括人台、坯布、针插、剪刀、橡皮、熨斗等等。

### 一、人台

在立体造型中，人台是主要工具，故而要合理地选择人台。在选择人台的过程中，应考虑四个因素，具体如下。

**（一）人台材料的特征**

用于立体造型的人台一定要具备一个材料特征，即必须方便扎针。

**（二）人台的体型特征**

用于人台制造的体型数据来源于人体体型测量的数据。但需要注意的一点是，人台的体型基于人体体型设计的，但不等同于人体体型，是以满足服装塑型为目的的人体体型模型。

数字化体型测量技术的发展以及数字化人台制造技术的运用，使得数字化虚拟人台以及个体体型人台的定制成为可能，但目前服装教育和服装产业用的实体人台仍是基于地区人群体型特征的标准体人台。

标准体人台体型分类与国家的人体体型分类一致，如 160/84A 人台，即表示身高 160cm、胸围 84cm、A 型体型的人台，简化表示为 84 号人台，如图6-1-1所示。

大体来讲，标准体人台可划分为两大类，即工业用人台与立裁用人台。工业用人台适用于套穿的成衣，故其细部尺寸要加上一定的量，以增加穿着外观的饱满度；而立裁人台则完全按照标准人体的尺寸制作而成，其肩宽应小于人体的肩宽，当加上布手臂后，其左右横肩的宽度才与人体的肩宽一致。

### （三）根据服装品种来划分立裁人台

立裁人台模拟人体体型的制造，是为了方便服装的塑形操作，立裁人台根据适用的服装品种不同而分类。如图6-1-2为适合上装操作和短裙操作的上体人台（84号），图6-1-3为适合裤子操作的裤子人台（84号），图6-1-4为适合泳衣操作的半连体人台（84号）。

图6-1-1　84号人台

图6-1-2　适合上装操作和
短裙操作的上体人台（84号）

图6-1-3　适合裤子操作
的裤子人台（84号）

图6-1-4　适合泳衣操作
的半连体人台（84号）

基于人体体型以及服装特征，人台体型包含了内穿服装的厚度等所产生的部分体型变化，以更适合一些专类服装的操作。如图6-1-5所示，为大衣人台（84号），如图6-1-6所示，为外套人台（84号）。

图6－1－5　大衣人台（84号）　　图6－1－6　外套人台（84号）

## （四）立裁人台的性别、年龄特征

由于性别与年龄的差异，人台也会有所不同。图6－1－7为男性全体人台；图6－1－8为儿童全体人台（儿童人台按年龄分类标号）；图6－1－9为中年女性人台，图6－1－10为老年女性人台；图6－1－11为孕妇体人台（孕妇体人台以怀孕月龄分类标号）。

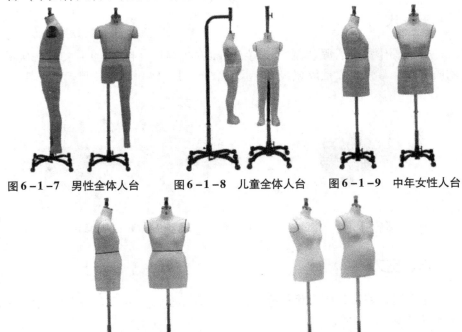

图6－1－7　男性全体人台　　图6－1－8　儿童全体人台　　图6－1－9　中年女性人台

图6－1－10　老年女性人台　　图6－1－11　孕妇体人台

## 二、坯布

通常情况下，立体造型采用坯布进行初步造型操作。选择坯布的原则是，坯布的面料特性与成衣面料的面料特性一致或非常相似，一般以平纹的全棉坯布为宜。在进行弹性面料和面料斜裁等一些特别面料的服装立裁时，直接选用成衣面料操作。

## 三、大头针

在立体造型中，大头针的选择比较关键，要选用针尖细、针身长、无塑料头的大头针。以针身直径为标号分类为 0.5mm 和 0.55mm。

## 四、针插

针插是用来扎取大头针的，戴于左手手掌或手腕，可以购买也可自行制作（图 6 – 1 – 12）。

## 五、尺

立裁操作常用的服装制图尺有 50cm 方格直尺（图 6 – 1 – 13）、30cm 软质直尺、直角尺、袖窿弧线 6 字尺（图 6 – 1 – 14）以及软尺。

图 6 – 1 – 12　针插

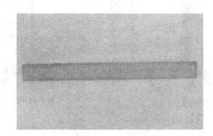

图 6 – 1 – 13　方格直尺

## 六、剪刀

立裁用的剪刀为西式裁剪剪刀，剪刀不宜过大，剪刀刀头以尖头对齐为好（图 6 – 1 – 15）。

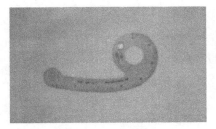

图 6 – 1 – 14　袖窿弧线 6 字尺　　　　图 6 – 1 – 15　西式裁剪剪刀

## 七、贴带

立裁用贴带的颜色需与人台颜色、坯布颜色有别，贴带的宽度 0.3cm 以下，以具有适当拉伸性的皱纹贴带为好（图 6 – 1 – 16）。

## 八、铅笔、橡皮

2B 铅笔用于坯布的画线，HB 铅笔用于拓印纸样等画线，橡皮要选用较软宜擦的。

## 九、复写纸

复写纸主要用于拓印纸样或拓印布样（图 6 – 1 – 17）。

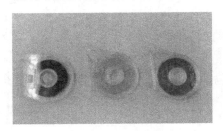

图 6 – 1 – 16　贴带　　　　　　　　图 6 – 1 – 17　复写纸

## 十、手工针、线

手工针、线，主要用于样衣的假缝。

## 十一、镇纸

镇纸主要用于协助拓印纸样或拓印布样（图 6 – 1 – 18）。

## 十二、铅锤

铅锤主要用于协助贴置人台竖直标记线以及确认布纹是否竖直。

## 十三、熨斗

熨斗主要用于整烫用布（图6-1-19）。

图6-1-18　镇纸　　　　　　　图6-1-19　熨斗

# 第二节　针插制作

在上文中，我们对立体造型的常用工具做出了一番论述，想必每位读者对这部分内容已经有了更加深入的认识。下面，我们主要围绕针插的制作方法展开具体论述。

## 一、材料准备

制作针插用料（图6-2-1）包括：面料①、②，硬底板③，填充棉④，橡筋⑤、⑥，花边⑦。

## 二、制作过程

经过长期的研究与分析，我们对针插的制作过程做出了总结，主要归纳为以下几个步骤。

（1）手工针沿小圆布片（图6-2-1①）的边缘密针缝纫，抽缩（图6-2-2）。

（2）将硬底板（图6-2-1②）包于小圆布片中，抽紧小圆布片边缘的缝线，缝线穿插钩拉固定，针插底板制好（图6-2-3）。

（3）将花边正面相对，沿边缘在花边反面缝合，然后将其中一条花边翻向正面，再将橡筋（图6-2-1⑤）穿于其中，两头固定即可，另一条花边备用（图6-2-4）。

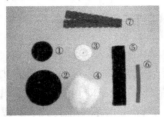

图6-2-1 针插制作所需材料

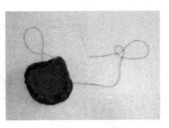

图6-2-2 步骤一

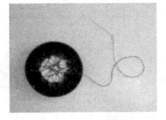

图6-2-3 步骤二

图6-2-4 步骤三

（4）橡筋两端（包花边）缝于针插底板（图6-2-5）。

（5）将备用的另一条花边翻向正面，并将花边均匀缝合于针插底板边缘（图6-2-6）。

图6-2-5 步骤四

图6-2-6 步骤五

（6）用手针沿大圆片面料边缘密针缝纫抽缩，塞入填充棉，整理成半球状（图6-2-7）。

（7）沿针插底板边缘以暗针针法紧密缝合针插球身与底板，这样针插的制作就完成了（图6-2-8）。

图6-2-7 步骤六

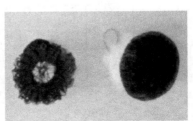

图6-2-8 步骤七

# 第三节　手臂模型缝制

　　自制的手臂模型要尽量与真人手臂相仿,能抬起和装卸。由于立体造型习惯以制作右半身为主,所以一般制作右手臂即可。制作手臂需要的材料有坯布、腈纶棉、棉花、硬纸板。手臂模型的缝制过程主要有三个步骤,具体如下。

## 一、制图

　　手臂的制图包括两个部分:一部分是手臂芯的制图(图6-3-1);另一部分是手臂套的制图,分为手臂大袖片、手臂小袖片、臂根挡片、腕根挡片(图6-3-2)。

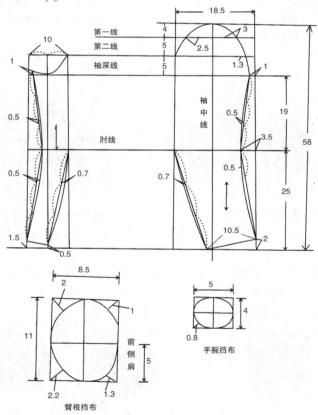

图6-3-1　手臂芯制图(单位:cm)

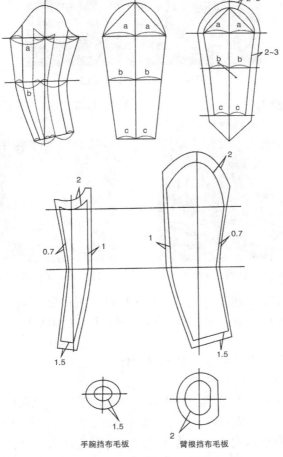

图 6 - 3 - 2　手臂套制图（单位：cm）

## 二、裁剪

根据制图，裁剪手臂大袖片、手臂小袖片、臂根挡片布、腕根挡片布及手臂包裹布。

## 三、缝制

（1）首先对大袖片内侧的肘线部位进行拔烫或拉伸，小袖片内侧的肘处部位进行归拢，以保证缝合好的手臂模型与人的手臂造型相近。然后对齐大、小袖片的基础线，将大袖片和小袖片缝合，完成手臂套（图 6 - 3 - 3）。

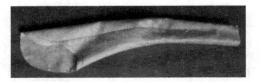

图 6 - 3 - 3　制作手臂套

（2）在臂根挡片布（图 6 - 3 - 4）和腕根挡片布（图 6 - 3 - 5）内垫入厚纸板，然后进行缩缝缝合处理。

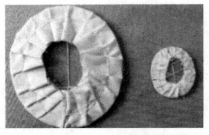

图 6 - 3 - 4　缝合臂根挡片布

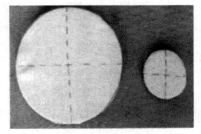

图 6 - 3 - 5　缝合腕根挡片布

（3）先将铺好的腈纶棉或棉花卷成柱状，用包裹布包紧、缝合。由于包裹布是斜丝裁剪，所以很容易将包裹好的手臂芯调整出与手臂相似的弯曲姿势。

（4）为了使手臂芯顺利地插入缝制好的手臂筒中，需将手臂筒分段后插入手臂芯（图 6 - 3 - 6）。

（5）既要保证手臂基准线的平直，又要使手臂呈现自然弯势；同时将两头多余面料向内折成光边，便于安装臂根挡片布和腕根挡片布。

（6）对手臂根部边缘进行缩缝处理，再用缲针法缝合臂根挡片和腕根挡片，并使各基准线对齐。

图 6 - 3 - 6　套入手臂芯

（7）袖山布条的作用是使手臂能与人台固定并可自由拆卸，其中布条可折成双层。

（8）用缲针法把袖山布条与袖山连接。

（9）手臂模型制作完成如图 6 - 3 - 7 所示。手臂模型安装示意图如图 6 - 3 - 8 所示。

图 6 – 3 – 7　手臂模型制作完成　　　　图 6 – 3 – 8　手臂模型安装示意图

# 第四节　人台模型制作

在上文中，我们对手臂模型的缝制做出了一番探讨，想必每位读者对这部分内容已经有了更加深入的认识。下面介绍人台模型的制作方法。

## 一、人台基准线的贴法

基准线是为了在立体造型时表现人台上重要的部位或结构线、造型线等，而在人台上标示的标志线。它是立体造型过程中准确性的保证，也是操作时布片纱向的标准，同时又是板型展开时的基准线。

除了基本的基准线以外，在一些情况下，要根据不同的设计和款式要求，标注不同的结构线和造型线作为基准线。

在贴基准线时，通常采用目测和用尺等测量方式共同使用的方法进行标注。

常用的基准点和基准线有许多，如前颈点（FNP）、后颈点（BNP）、侧颈点（SNP）、肩端点（SP）、后腰中心点、前中心线（CF）、后中心线（CB）、胸围线（BL）、腰围线（WL）、臀围线（HL）、肩线、侧缝线、领围线、袖窿线（图 6 – 4 – 1）。

经过长期的研究与分析，我们对贴基准线的步骤做出了总结，主要归纳为以下十一个步骤。

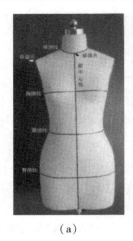 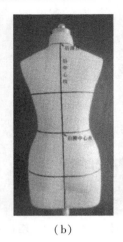 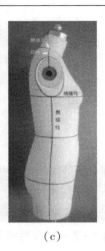

（a） （b） （c）

图6-4-1 人台基准线

（1）后中心线：将人台放置于水平地面，摆正。在人台后颈点处向下坠一重物，找出后中心线（图6-4-2）。

（2）领围线：从后颈点开始，沿颈部倾斜和曲度走势，经过侧颈点、前颈点，圆顺贴出一周领围线，注意后颈点左右各有约2.5cm为水平线（图6-4-3）。

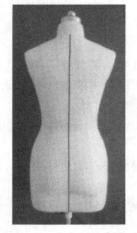

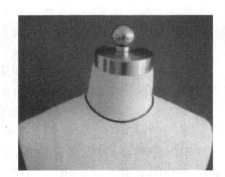

图6-4-2 人台制作步骤（1） 图6-4-3 人台制作步骤（2）

（3）前中心线：在前颈点向下坠一重物，确定并贴出前中心线。

（4）胸围线：从人台侧面目测，找到胸部最高点（BP点），按此点据地面高度水平围绕人台一周贴出胸围线（图6-4-4）。

（5）腰围线：在后腰中心点（腰部最细处）位置沿水平高度围绕人台腰部一周，贴出腰围线。

　　（6）臀围线：由腰围线上前中心点向下18cm（用T字尺测量），在此位置水平围绕人台臀部一周贴出臀围线（图6-4-5）。

　　（7）侧缝线：确认人台前后中心线两侧的围度相等，从人台侧面的胸围线、腰围线、臀围线的1/2点作为参考点。分别向后中心方向偏移1.5cm、2cm和1cm，从胸围线开始，边观察边顺人台走势贴出侧缝线。还可根据视觉美观需求适当调整侧缝线（图6-4-6）。

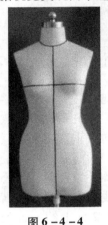 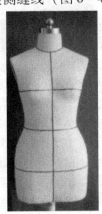 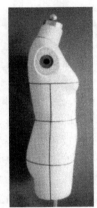

图6-4-4　　　　　　　　图6-4-5　　　　　　　　图6-4-6

人台制作步骤（4）　　　人台制作步骤（6）　　　人台制作步骤（7）

　　（8）肩缝线：连接侧颈点和肩端点形成肩缝线。

　　（9）袖窿线：以人台侧面臂根截面和胸围线、侧缝线为参考，定出袖窿底、前腋点和后腋点，以圆顺的曲线连接肩端点、前腋点、袖窿底和后腋点一周，贴出袖窿线。注意由于人体结构和功能的关系，前腋点到袖窿底的曲度要较大（图6-4-7）。

图6-4-7　人台制作步骤（9）

　　（10）完成基准线标注的人台正面、侧面和背面（图6-4-8）。

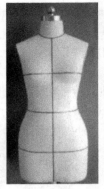
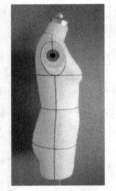
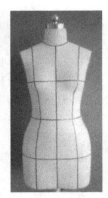

图 6 - 4 - 8　人台制作步骤（10）

（11）除了基本的基准线之外，经常在操作中用到的还有前后公主线、背宽线及前后侧面线。前公主线从肩线 1/2 处开始，向下通过 BP 点，经过腰部和臀部时考虑身体的收进和凸出，从臀围线向下垂直至底摆；后公主线从前公主线肩点开始，经过肩胛骨的突出部位，同前面一样经过腰围线和臀围线，然后垂直贴至底摆。为保证纱向的正确性，在前、后公主线到侧缝的 1/2 位置向上下保持竖直，贴出侧面基准线，在肩胛骨最高处水平贴出标志线，该标志线大约自后领围线与胸围线 1/2 向上约 1cm 处，如图 6 - 4 - 9 所示。

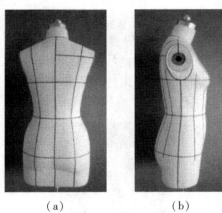

（a）　　　　　　　　　　　（b）

图 6 - 4 - 9　人台制作步骤（11）

# 二、人台补正

## （一）人台模型补正的目的

虽然人体模型是根据标准人体尺寸制作的，裁剪出的服装尺寸属于标准号型。但如果是为某一穿着者进行单件定制，并且他（她）的某一个或多个关键部位与人台的尺寸有明显偏差时，就需对现有人台进行相应的调整，使其与穿着者的体型接近，这样使立裁的造型更加符合穿着者。例如胸围的大小、肩的高低、背部的厚度、腹部与臀部的丰满度等，尽可能将人台调整到与穿着者接近的体型。人台的补正通常无法采用削除的方法，只能采用加衬垫的方法调整出理想体型，主要材料一般为腈纶棉、成品胸垫或肩垫。

### （二）操作方法

下面，我们主要围绕几个主要部位的人台模型补正方法具体阐述。除上述几个主要部位需要补正外，在裁剪时还会碰到其他一些特殊体型，如削肩、平肩、鸡胸、驼背、大肚、肥臀等，其均可采用腈纶棉作为填充物来进行尺寸或形态的补正。

图 6-4-10 所示为胸部补正。将腈纶棉修剪成适当的椭圆形并修薄边缘，用大头针固定于人台胸部来补正人台与穿着者胸乳形状或尺寸的差异，也可用成品胸垫来补正。

图 6-4-11 所示为腰部补正。将适当宽度的腈纶棉围裹人台腰部适当位置，用软尺测量使其达到穿着者的腰部尺寸。

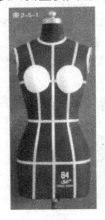
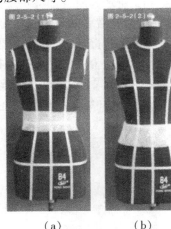

　　　　　　　　　　　　　　　　　（a）　　　　　　　（b）

图 6-4-10　胸部补正　　　　　　图 6-4-11　腰部补正

图 6-4-12 所示为胯臀部补正。观察穿着者胯臀部与人台胯臀部的形状差异，并用软尺测量两者的尺寸差异，将腈纶棉修剪成合适的造型，并用大头针固定。

图 6-4-13 所示为腹部补正。同样观察或测量出穿着者腹部与人台腹部的形状及尺寸差异，并将腈纶棉修剪成合适的造型，用大头针固定于人台腹部，使其造型接近穿着者的腹部造型。

　　图 6 - 4 - 14 所示为肩部补正。一种情况是用在冬季外套裁剪中，由于冬季人体会穿较多内衣，导致肩部尺寸及形态的变化，可将腈纶棉修剪成需要的造型固定于人台上相应位置；另一种是为了强调服装肩部的高耸及挺括的廓形而使用成品垫肩来补正。

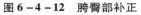
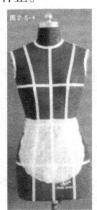

图 6 - 4 - 12　胯臀部补正　　　图 6 - 4 - 13　腹部补正　　　图 6 - 4 - 14　肩部补正

　　图 6 - 4 - 15 所示为肩背部补正。人体在肩背部的造型差异较大，在裁剪时不能忽视。若穿着者的肩背部较厚实、造型突出，可将腈纶棉沿斜方肌的方向从颈部、肩部到背部修成需要的造型，并用大头针固定。

　　图 6 - 4 - 16 所示为为肩胛骨部位补正。通常用于裁剪上身较合体的服装中，如 A 型服装款式、女士短大衣等。进行肩胛骨部位的补正，能更好地突出肩部和背部的曲线美，可将腈纶棉修剪成需要的造型，并用大头针固定。

图 6 - 4 - 15　肩背部补正　　　　图 6 - 4 - 16　肩胛骨部位补正

# 第五节　大头针固定别合

在本章内容中，除了以上四节内容以外，还有一部分内容需要我们在这里具体探讨，即大头针的固定别合。

在立体造型过程中，使用必要的针法对衣片或某个部位加以固定和别合，是使操作简便并保证造型完好的重要手段。

## 一、大头针固定法

经过长期的研究与分析，我们对大头针的固定法做出了总结，主要归纳为以下两种。

### （一）单针固定

单针固定用于将布片临时性固定或简单固定在人台上，针身向布片受力的相反方向倾斜，如图 6 - 5 - 1 所示。

### （二）交叉针固定

固定较大面积的衣片或是在中心位置等进行固定时，使用交叉针法固定，用两根针斜向交叉插入一个点，使面料在各个方向都不易移动。针身插入的深度根据面料的厚度来决定，如图 6 - 5 - 2 所示。

图 6 - 5 - 1　单针固定　　　　　图 6 - 5 - 2　交叉针固定

## 二、大头针别合法

经过长期的研究与分析，我们对大头针的别合法做出了总结，主要归纳为以下四种。

### （一）重叠法

所谓重叠法是指将两布片平摊搭合后，重叠处用针沿垂直、倾斜或平行方向别合，此法适于面的固定或上层衣片完成线的确定（图6-5-3）。

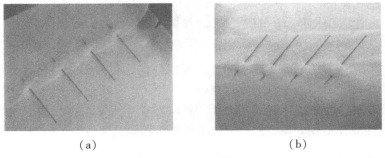

（a）                               （b）

图6-5-3　重叠法

## （二）折合法

所谓折合法是指一片布折叠后压在另一片布上用大头针别合，针的走向可以平行于折合缝（即完成线），也可与其垂直或有一定角度。需要清晰地确定完成线时多使用此针法，如图6-5-4所示。

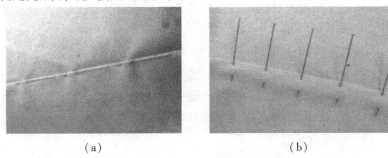

（a）                               （b）

图6-5-4　折合法

## （三）藏针法

藏针法的操作方法是大头针从上层布的折痕处插入，挑起下层布，针尖回到上层布的折痕内。其效果接近于直接缝合，精确美观，多用在上袖时，如图6-5-5所示。

图6-5-5　藏针法

### （四）抓合法

在大头针的别合法中，除了以上三种以外，还有一种需要我们在这里进行阐述，即抓合法。抓合两布片的缝合份或抓合衣片上的余量时，沿缝合线别合，针距要均匀平整。抓合法通常用于侧缝、省道等部位，如图6-5-6所示。

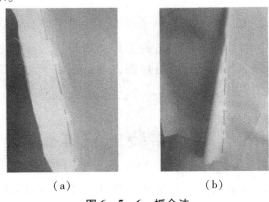

（a）　　　　　　　　　（b）

图6-5-6　抓合法

# 第七章　日常服装的立体造型

在上一章中，我们对立体造型的工具材料与技术准备做了介绍，想必每位读者对这部分内容已经有了更加深入的认识。下面，我们主要围绕日常服装的立体造型展开具体论述。

## 第一节　裙装的立体造型

本节，我们对裙装的立体造型展开具体论述，内容包括直身裙、育克裙、胸部褶皱的款腰连身裙、宽条层叠造型连身裙，等等。

### 一、直身裙

#### （一）款式

直身裙为腰部合体、臀部有一定松量的裙型，在前后腰部各设 4 个省量，臀围以下成直筒形，后中心底摆留有开衩，如图 7 - 1 - 1 所示。

#### （二）坯布准备

直身裙这种款式的坯布准备过程，如图 7 - 1 - 2 所示。

图 7 - 1 - 1　直身裙款式

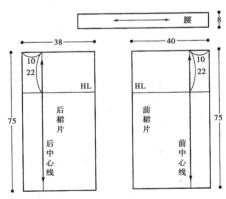

图 7 - 1 - 2　坯布预裁图（单位：cm）

### （三）操作过程

直身裙的立体造型操作过程可以归纳为以下六个步骤。

（1）将裙片前中心线、臀围线与人台上的基准线对准，在臀围线上加入1.5cm松量，用大头针固定。侧缝处臀围线以上平抚到腰节，并与腰部贴合。在腰部打剪口，将多余的量分成两个省道，腰部、腹部保留一定的松量，用抓合针法别合。在这里，需要注意的一点是，省道的间隔、长度、位置和省尖的指向一定要恰当（图7-1-3）。

（2）后裙片的操作方法与前裙片一样，臀部加放松量，用大头针固定，并在臀围线上打剪口。

（3）用抓合针法别合侧缝。沿臀围线以上的曲线抓合前后片，臀围线以下垂直抓合，修剪侧缝缝份（图7-1-4）。

图7-1-3　步骤一

图7-1-4　步骤三

（4）整理侧缝缝份，确认整体造型，做出省道、侧缝的点影并标注必要的对合记号。此外，还要贴出腰节的标志线（图7-1-5）。

（5）以臀围为参考线量取裙长。确定后开衩的长度。从人台上取下裙子，拔下大头针，进行修整。将省缝向中心折倒，底边折好，用折合针法对裙片进行成型别合。然后，将成型后的裙子穿在人台上，把折好的腰头装上（图7-1-6）。

（6）将前片复制成整片，然后成型别合，进一步观察和修整松量、造型及丝缕（图7-1-7）。

裙片平面展开图，如图7-1-8所示。

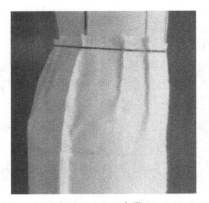

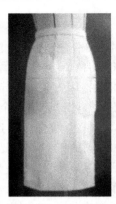

图 7 - 1 - 5　步骤四　　　　　图 7 - 1 - 6　步骤五

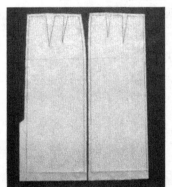

图 7 - 1 - 7　步骤六　　　　　图 7 - 1 - 8　直身裙裙片展开图

## 二、育克裙

### (一) 款式

无腰头是育克裙的突出特点。前片设计了育克，中心有大的对开褶裥。后裙片为单片，腰部设有两个省量。外形呈 A 形，如图 7 - 1 - 9 所示。

### (二) 坯布准备

育克裙这种款式的坯布准备过程，如图 7 - 1 - 10 所示。

### (三) 操作过程

经过长期的研究与分析，我们对育克裙的立体造型操作过程可以归纳为以下十个步骤。

图 7 - 1 - 9
育克裙款式

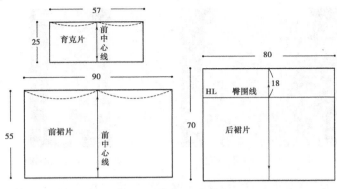

图7-1-10　坯布预裁图（单位：cm）

（1）在人台中腰平行于腰围线处，用粘带贴出裙子前后的腰围线，并根据款式的需要，在人台相对应的部位贴出育克线（图7-1-11）。

（2）育克片上的中心线与人台的中心线对准，在前中心线固定上、下两点，向两侧平抚，留出松量，同时将腰省的部分转到育克线下。用大头针固定两侧。

（3）用粘带贴出腰围线和育克分割线，保留少量松量（图7-1-12）。

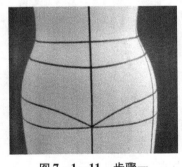

图7-1-11　步骤一

图7-1-12　步骤三

（4）保留1.5cm缝份，剪去腰部、侧缝及育克线多余的布。对称做出另一半，或复片完成（图7-2-13）。

（5）将裙前片中心线与人台的中心线对准，对称地做出对折褶裥，用针固定中心点，臀围放出一定的松量，侧面固定，与育克侧缝线顺延斜下，摆量要适中。用粘带重复贴出前裙片育克线，并用重叠针法别合裙片，然后剪去多余的布。可以用同样的操作方法对称操作另一侧裙片，当然，也可以操作半身后，复片完成另一半更准确。

（6）进一步确定育克片和裙片在臀围处的放松量，边观察边贴出侧缝线（图7-1-14）。

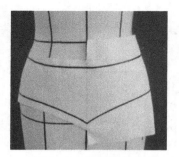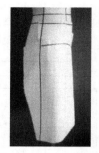

图7-1-13　步骤四　　　　图7-1-14　步骤六

（7）后裙片与人台的中心线、臀围线对准，在中心线、腰围及臀围线上用大头针固定，在公主线附近抓合出腰臀省道，并留有少量的松量（图7-1-15）。

（8）将腰部多余的布剪掉，省道倒向后中心。将前侧缝叠压在后侧缝线上，确定裙摆的斜度，用重叠针法沿着侧缝线固定。

（9）观察整体造型并做调整。画点影线及对合记号。取下衣身，拔掉固定的大头针进行修正，完成描图（图7-1-16）。

图7-1-15　步骤七　　　　图7-1-16　步骤九

（10）用折合针法进行成型别合，如图7-1-17所示。

（a）　　　　　　（b）

图7-1-17　步骤十

### 三、胸部褶皱的宽腰连身裙

#### （一）款式

胸部褶皱的宽腰连身裙的款式属于合体型，裙身有宽腰设计以体现收腰效果；胸部的褶皱设计增强胸部造型的立体感，褶皱的大小可以依据设计者的设计进行变化（图7－1－18）。

#### （二）坯布准备

胸部褶皱的宽腰连身裙这种款式的坯布准备过程，如图7－1－19所示。

**图7－1－18　胸部褶皱
宽腰连身裙款式**

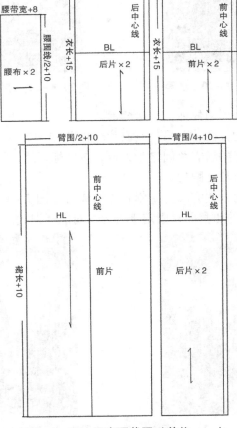

**图7－1－19　坯布预裁图（单位：cm）**

### （三）操作过程

胸部褶皱的立体造型操作过程可归纳为以下二十四个步骤。

（1）根据裙装款式用色带标出款式造型线（图7-1-20）。

（2）将准备好的前衣户样布固定于人台，对准标识线。

（3）根据衣身款式，在胸部下方进行褶皱造型，注意褶裥的间距及方向的把控（图7-1-21）。

（4）粘贴造型线，进行粗裁。

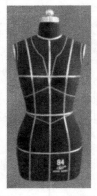 

图7-1-20　步骤一　　　　图7-1-21　步骤三

（5）沿造型线周边修剪，留出缝份。

（6）用相同的方法裁剪另一侧衣片（图7-1-22）。

（7）将准备好的后衣片固定于人台，对准标识线。

（8）做出后衣片的腰省。

（9）用相同的方法完成另一侧衣片的裁剪（图7-1-23）。

（10）将准备的裙身前片固定于人台，对准标识线。

图7-1-22　步骤六　　　　图7-1-23　步骤九

（11）将面料贴合人台，做出两道前腰省，注意臀部的放松量。

（12）将准备的后片固定于人台，对准标识线。

（13）将面料贴合人台，做出后腰省，并粘贴造型线，进行修剪（图7－1－24）。

（14）用相同的方法裁剪另一侧裙片。

（15）完成裙身部分的裁剪。

（16）将腰布固定于人台（图7－1－25）。

图7－1－24　步骤十三　　　　图7－1－25　步骤十六

（17）将腰布贴于人台腰部，适当做剪口以保证伏贴度。

（18）用色带粘贴造型线，并对腰布进行修剪（图7－1－26）。

（19）在裙身背部固定腰布，进行修剪。

（20）对裙片进行修片、整理后得到的布片（图7－1－27）。

 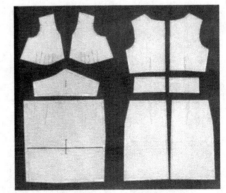

图7－1－26　步骤十八　　　　图7－1－27　步骤二十

（21）将布片缝合，完成的连身裙的正面造型。

（22）完成后的连身裙的背面造型。

（23）完成后的连身裙的侧面造型如图 7 - 1 - 28 所示。

（24）根据完成衣片描绘的各衣片平面图如图 7 - 1 - 29 所示。

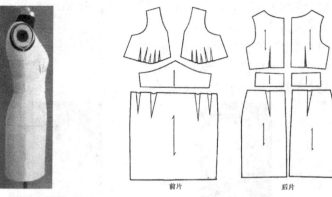

图 7 - 1 - 28　步骤二十三　　　　图 7 - 1 - 29　步骤二十四

## 四、宽条层叠造型连身裙

### （一）款式

宽条层叠造型连身裙造型是在基础连身裙的造型上，设计出宽条层叠的装饰效果。均等宽度的布条装饰于裙身上，形成层次分明、排列有序的装饰造型，很好地丰富裙身结构线条，使平面的裙身产生立体的视觉效果，如图 7 - 1 - 30 所示。

图 7 - 1 - 30　宽条层叠造型连身裙款式

### （二）坯布准备

宽条层叠造型连身裙这种款式的坯布准备过程，如图 7 - 1 - 31 所示。

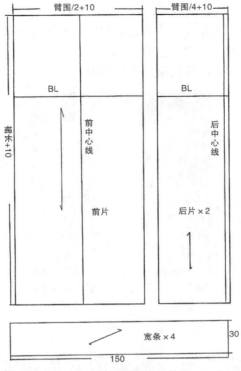

图 7 - 1 - 31　坯布预裁图（单位：cm）

## （三）操作过程

　　经过长期的研究与分析，我们对宽条层叠造型连身裙的立体造型操作过程做出了总结，主要归纳为以下十四个步骤。

　　（1）根据裙装款式用色带标出款式造型线。

　　（2）将准备好的前裙片样布固定于人台，对准标识线（图 7 - 1 - 32）。

　　（3）依据公主线做出两道腰省和两道侧缝省，注意适当留出放松量。

　　（4）修剪裙身边缘，整理裙身造型。

　　（5）将准备的裙后片样布固定于人台，对准标识线。

　　（6）在后裙片上做出两道腰省

　　（7）修剪裙身边缘，整理裙身造型（图 7 - 1 - 33）。

　　（8）将斜丝裁剪的装饰宽条样布对折并固定于裙身，依据设计的造型做出需要的层叠效果。

　　（9）将布条排列有序，注意要紧贴裙身，否则会影响造型效果。

　　（10）将四片宽条固定于裙身后，检查整体造型，调整其伏贴度（图 7 - 1 - 34）。

（11）取下各布片进行修片。

（12）将修好的裙片缝合，即完成裙装的整体造型（图7－1－35）。

（13）完成后的裙装背面造型。

（14）根据完成的布片描绘裙片平面图。

图7－1－32　　　图7－1－33　　　图7－1－34　　　图7－1－35

　步骤二　　　　　　步骤七　　　　　　步骤十　　　　　步骤十二

# 第二节　裤装的立体造型

在上一节中我们介绍了裙装的立体造型，本节主要围绕裤装的立体造型展开具体论述。

## 一、裤装基本型

裤装基本型为所有裤装结构的基础，即裤装原型。要准确表达裤装与人体各部位之间的对应关系，可用立体造型方法获取布样，这是最直接、最准确的方法。

### （一）款式

（1）裤身廓型：臀部贴体，裤腿为直筒型。

（2）结构要点：腰臀差的处理，臀部松量的设置，上裆缝的合体性。

（3）腰围线以下做曲面处理，具体如下。

①前裤身：采用腰部褶裥处理臀腰差。

②后裤身：采用腰部褶裥处理臀腰差。

（4）上裆造型：前、后上裆要贴合人体，按静态美观性要求设计，后上裆没有倾斜量。

图 7 – 2 – 1、图 7 – 2 – 2 所示为裤装基本型款式的前视图与后视图。

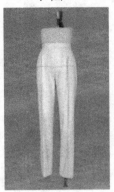
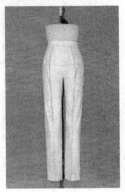

图 7 – 2 – 1　裤装基本型款式前视图　　图 7 – 2 – 2　裤装基本型款式后视图

## （二）操作过程

经过长期的研究与分析，我们对裤装基本型立体造型的操作过程可归纳为以下十五个步骤。

（1）作下体人台的标记线。先在下体人台上作纵向标记线，具体如以下七个步骤。

①前中线：从前腰宽的二分之一处作垂线。

②前烫迹线：从前中线至侧部的臀围/4—1cm 处作垂线。

③后烫迹线：通过臀部最高点（臀突）作垂线。

④后中线：从后腰宽的二分之一处作垂线。

⑤下裆线：在会阴点以下，在大腿围二分之一处作垂线。

⑥前、后省道线：在前、后烫迹线至侧缝的二分之一处作垂线。

⑦侧缝线：在人台侧面，在腰宽的二分之一处作垂线。

然后，在下体人台上作横向标记线，有以下两个步骤。

①腰带部位线：从腰部最细处分别往上和往下 2cm 作两条水平横线作为腰带标记线，两条横线间距 4cm。

②臀围线：在臀部最高点（臀突）处作水平横线。在这里，需要注意的是，臀围线一定要呈水平状（图 7 – 2 – 3）。

（2）取长 = 裤长 +6cm、前宽 =（臀围/4 – 1cm）+10cm 的坯布一块作为前裤身坯布；再取长 = 裤长 +6cm、后宽 =（臀围/4 + 1cm）+15cm 的坯布一块作为后裤身坯布，然后按人台上的腰围线、臀围线的间距，分别在两块坯布上画出腰围线、臀围线，再画出纵向中心线并以此作为前、后烫迹线（图 7 – 2 – 4）。

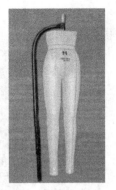
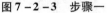

图 7 - 2 - 3　步骤一　　　　　　图 7 - 2 - 4　步骤二

（3）将前裤身坯布覆合于人台上，注意两者的前烫迹线、腰围线、臀围线要对齐。

（4）将前裤身腰部的多余量折叠成腰省。

（5）在侧缝处，将腰部做出一定的松量，使上下裤身处于平整状态，然后根据人台上的侧缝标记线做出前裤身的侧缝线。

（6）从人台前裆转弯处将坯布剪开，将下裆处的裤身坯布向里折进并用大头针加以固定（图 7 - 2 - 5）。

（7）用标记线按人台的下裆线做出前裤身的下裆线。

（8）将后裤身坯布覆合于人台上，要求两者的后烫迹线、腰围线、臀围线要对齐。

（9）将后裤身腰部的多余量按人台省道线的位置折叠成两个腰省，省尖不超过腰围线至臀围线的三分之二处。

（10）将后腿部做出一定松量，然后根据人台的侧缝标记线做出后裤身的侧缝线，后侧缝线应与前侧缝线在同一位置（图 7 - 2 - 6）。

（11）从人台后裆转弯处将坯布剪开，将下裆处的裤身坯布向里折进并用大头针加以固定。

（12）整理后裤身的松量，使裤身平整，然后按人台的内裆线做出后裤身的下裆线。

（13）最后完成的原型裤身的前、侧、后部造型要求：丝缕取正，裤身平整，造型自然。

（14）将完成的裤身布样取下并烫平，画顺、修正造型线，完成正式的布样（图 7 - 2 - 7）。

（15）将修正好的布样缝制成型。

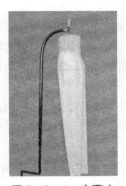

图7-2-5　步骤六　　　　图7-2-6　步骤十　　　　图7-2-7　步骤十四

## 二、裙裤

裙裤也是一种常见的裤装。下面介绍裙裤的款式及其立体造型的操作过程。

### （一）款式

（1）裤身廓型：A型裤身，外形为裙装，与A型裙同，结构为裤装。

（2）结构要点：上裆部按裤身结构处理，裤腿按裙身结构处理，侧部采用折裥造型。

（3）腰围线以下做曲面处理，具体如下。

①前裤身：采用折裥处理臀腰差。

②后裤身：采用折裥处理臀腰差。

（4）侧部造型：采用折裥造型，每个折裥量为4~5cm。

（5）上裆造型：按较贴体风格设计。

图7-2-8至图7-2-10所示为裙裤款式的前视图、侧视图及后视图。

图7-2-8　　　　　　　图7-2-9　　　　　　　图7-2-10

裙裤款式前视图　　　　裙裤款式侧视图　　　　裙裤款式后视图

### （二）操作过程

裙裤的立体造型操作过程可归纳为以下几个步骤。

（1）在下体人台上作纵向的前后烫迹线、侧缝线、袋口线，横向的腰围线、臀围线（图7-2-11）。

（2）取长＝裤长＋10cm、宽＝臀围/4＋30cm（包含预计的折裥量）的直料坯布两块，分别作为前、后裤身坯布，然后画出腰围线、臀围线、前后烫迹线。

（3）先将前裤身坯布覆合于人台上，注意两者的前烫迹线、腰围线、臀围线要对齐。

（4）将前烫迹线右侧的布料折叠成折裥，折成的折裥上下要平整，并做出袋口标记线（图7-2-12）。

（5）在袋口线外侧留2cm缝份，然后剪去多余量。

（6）从人台前裆转弯处将坯布剪开。

（7）将下裆处的坯布向里折进并用大头针固定于人台上（图7-2-13）。

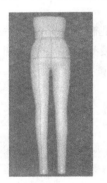 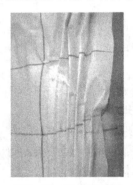 

图7-2-11　步骤一　　　图7-2-12　步骤四　　　图7-2-13　步骤七

（8）整理裤腰部位，使其与人台的腰部对齐，然后做出裤腰带部位的标记线，连腰带的宽度为6cm。

（9）制作好的前裤身。

（10）将后裤身的坯布与人台覆合一致，注意两者的后烫迹线、腰围线、臀围线要对齐。

（11）将后烫迹线左侧的布料折叠成折裥，要求折裥上下平整，折裥量与前裤身折裥量相同或稍大。

（12）在腰部口袋部位作标记线，在袋口线外侧留2cm缝份，然后剪去多余量（图7-2-14）。

（13）从人台后裆转弯处将坯布剪开，并使前、后裤身的裆部对齐。

（14）将下裆处的裤身坯布向里折进并用大头针固定于人台，布料与地面呈垂直状。

（15）取袋口坯布两块，一块为前袋口布，另一块为后袋口布，分别画出直丝绺线及腰围线。

（16）将前袋口坯布覆合于人台上，要求袋口布的腰围线与前裤身的腰围线对齐（图7-2-15）。

（17）根据人台形状及标记线做出前裤身的侧缝线及袋口线。

（18）按照前袋口制作方法，将后袋口坯布覆合于人台上，注意袋口坯布的腰围线要与后裤身的腰围线对齐，然后做出后裤身的侧缝线及袋口线（图7-2-16）。

（19）调整裙裤的前、侧、后面立体造型，要求下裆部平直，外侧部有扩张感。对于不到位之处，应将大头针取下进行修正。

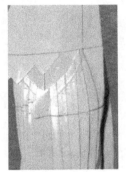

图7-2-14 步骤十二　　图7-2-15 步骤十六　　图7-2-16 步骤十八

（20）将前、后裤身及袋口布样取下并烫平，画顺、修正造型线，完成正式的布样（图7-2-17）。

（21）将修正好的布样缝制成型。

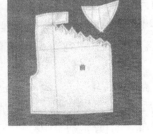

（a）　　　　　　　（b）

图7-2-17 步骤二十

# 第三节　女装上衣的立体造型

上两节我们介绍了裙装、裤装的立体造型，本节主要围绕女装上衣的立体造型展开具体论述。

## 一、合体明门襟衬衫

### （一）款式

合体明门襟衬衫强调了腰型的曲线，衣身设计了育克、明门襟，搭门处加入了自由褶，如图 7 - 3 - 1 所示。

图 7 - 3 - 1　合体明门襟衬衫款式

### （二）坯布准备

合体明门襟衬衫这种款式的坯布准备过程如图 7 - 3 - 2 所示。

### （三）操作过程

合体明门襟衬衫立体造型操作过程可归纳为以下二十四个步骤。

（1）在人台上标注育克造型线、门襟宽度、胸前抽褶位置及下摆造型线。

（2）将育克的中心线与人台的中心线对准，背宽线水平对准，固定后颈点下方。在后领中心处打剪口，从背宽线向侧颈点方向轻推，整理后领围线，剪去余布，打剪口使其服帖，固定侧颈点。贴出后育克位置线（图 7 - 3 - 3）。

（3）在侧颈点附近的领围处加入一定松量，防止因为肩线处没有分割而引起皱褶，打剪口，整理，贴出肩线和前育克线。

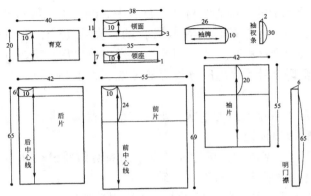

图 7 - 3 - 2　坯布预裁图（单位：cm）

（4）前片的前中心线、胸围线对准人台的前中心线和胸围线，固定前颈点下方及 BP 点上方。从胸围线向上、向肩线平抚布片，使衣片与人台前胸位置贴合，同时确认纱向不变。沿领围线剪去余布，打剪口并整理。固定侧颈点及肩部。水平推出胸围需要的松量，然后固定。留调整量向下剪开袖窿。此步操作也可以反向操作，即将胸围以下前中心线对准之后，多余量移向胸围线的上方前中心线处，抽褶后重新找好前中心线位置，注意同时观察袖窿线的形状。

（5）袖窿处打剪口，将布片转向身后，沿侧缝向下使布片与人台腰臀部形状吻合，在侧缝固定，产生的余量分为腰省和胸前中心褶两部分。臀围处留出松量，余下沿前中心线向上推至胸前捏褶处，形成褶量。此时衣片形成前、侧两个面构成的箱型，在面的转折处抓合成腰省。

（6）用手针沿前中心线抽缩胸前的褶，整理褶型（图 7 - 3 - 4）。

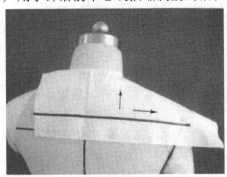

图 7 - 3 - 3　步骤二

图 7 - 3 - 4　步骤六

（7）将衣片肩部放在育克布片下，用重叠针法别合，确定落肩量，贴出肩头部分的袖窿弧线。剪去育克布片、袖窿、侧缝的余布。

（8）将后片上的后中心线对准人台后中心线，胸围线保持水平，衣片上部放入育克布片下，确认衣片与人台的背宽线重合，在后中心线处固定，重叠针法别合育克和后片。同前片一样，剪出后袖窿形，将衣片转向前面，做出箱型衣身，找出后背省道的位置、大小和方向，用抓合针法别合省道。

（9）从侧面观察衣身的形状，确认胸部、腰部和臀部的松量，抓合侧缝，在袖窿底做出标记。

（10）整理育克造型，按标注的前、后育克线将缝份折入，用折合针法别合，为上领做准备（图7-3-5）。

（11）找出领围线，将明门襟及下摆线用粘带贴出。

（12）将底领的中心线与后片中心线对准，在后领围中心处用重叠针法水平固定，在距中心线约2.5cm保持水平别合。用手指控制领片和颈部的空间与角度，沿后颈围向前将底领别合在领围线上，直至侧颈点。缝份打剪口，使转折处服帖圆顺（图7-3-6）。

图7-3-5　步骤十　　　　　图7-3-6　步骤十二

（13）保证领片与颈部约一指宽的空间松量，沿领围线继续向前边转边打剪口，别合领片和衣片，确定底领的装领线。定好领座宽，贴出造型，剪去余布。

（14）将翻领的后中心线与底领的后中心线对齐，翻领装领线水平对准底领的后领宽标志线，并用重叠针法固定，直至侧颈点上方（图7-3-7）。

（15）在后中心位置确定翻领的宽度，用大头针水平暂时别合。将翻领缝份向上翻折，可以使向前转领片的过程更加顺利。

（16）一边向前找领型，一边在翻领外侧缝份打剪口，使领片顺利转至前面。将领片翻起，在装领线缝份打剪口，用重叠法别合装领线。

（17）整理领型，用粘带贴出领面造型，留缝份后剪去余布。做好翻领、底领和领围线的对位记号。

（18）重新用折合法别合侧缝和前后省道。整理翻领和底领，缝份扣净，对合翻领与底领，再将整个领子别合在衣身的领围线上。用粘带贴出袖窿线。

（19）袖子采用平面制板，将袖板复制到袖片上别合。袖克夫整熨好，先别好袖口处的褶量，袖缝处前压后用折合法别合。确定袖衩位置及长度，剪开，别合袖身与袖克夫（图7－3－8）。

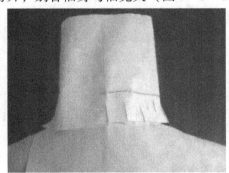

图7－3－7　步骤十四　　　　　图7－3－8　步骤十九

（20）装袖时先将手臂抬起固定，袖底点与衣身袖窿底点对合并固定，然后将布手臂放入袖筒，抬起一定角度，保证袖的活动量，确认前腋点、后腋点和袖山处与袖的别合点。用藏针法别合袖与衣身，适当分配吃量。

（21）观察并整理完成的袖型。

（22）重新整理衣身，将明门襟折好，别合在衣身上，通过观察与测量结合的方法确定扣位并做好标注。观察整体造型、衣身和袖型等是否形态优美和连接顺畅，是否达到设计款式要求，并做进一步修正（图7－3－9）。

（23）调板：在立体造型时往往以标准人台为表现对象，完成对服装造型的操作，而个体人与标准人台相比较还存在比较大的差异。要完成针对个体人的合体订制，还需要对立体造型之后的板型尺寸根据体型特点进行调节。下面，我们对调板的方法进行概述。增加围度量的方法如下。

①确定增加量的部位，可按照图示所标注的序号顺序，依次将纸板剪开，加入放量。

②衣身胸围调整量小于4cm时，按每片围度所占胸围的比例数加放调整量，可以只将序号1部位剪开，然后连顺结构线。

③当衣身胸围调整量在5～8cm时，可以同时将序号1、2、3部位剪开加放调整量。依此类推，衣身胸围调整量在10cm左右时，将序号1、2、3、4部位依次拉开加放调整量，然后连顺板型结构线。

A. 减少围度量的方法如下。

　　a. 同增加量的部位一样，按照图示所标注的序号顺序，将纸板剪开，依次减少围度量。

　　b. 超过 10cm 以上加减量的调整，服装款型会产生比例变形，需要重新对板型各个部位尺寸进行确认。

　　B. 增、减衣长的方法如下。

　　a. 同增、减围度量的方法一样，按照图示所标注的序号顺序，将纸板横向剪开，加入、减去放量。最后连顺板型结构线。

　　b. 在进行板型的调整中不只是单方向地加放和缩短，有时需要横向和纵向同时进行。

　　C. 袖子的加、减量调整方法如下。

　　a. 袖子的横向切开处可设在肘部和其上、下两部分，纵向分割可设在袖中线上。其中袖肘部可加放 1～2cm，其他横向可加放 0.5cm。同样可根据袖子的肥度拉开袖中线加入需要的量。

　　b. 袖子减少量与增加量的部位、顺序和大小一致。

　　（24）将修正好的布样缝制成型，如图 7 - 3 - 10 所示。

 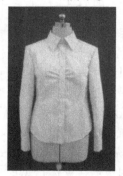

图 7 - 3 - 9　步骤二十二　　　　图 7 - 3 - 10　步骤二十四

## 二、双开身平驳领西服

### （一）款式

　　双开身平驳领西服为双开身结构，胸腰省为之字形，先由 BP 点侧下方的胸省转向竖向胸腰省，至兜口位置，并水平延伸到侧缝线，增加了胸部的丰满度，使腰臀部的曲线更美观，如图 7 - 3 - 11 所示。

### （二）坯布准备

　　双开身平驳领西服这种款式的坯布准备过程，如图 7 - 3 - 12 所示。

**图 7 – 3 – 11　双开身平驳领西服款式**

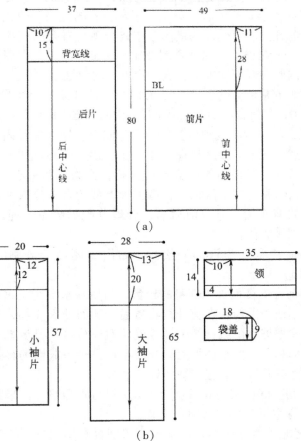

（a）

（b）

**图 7 – 3 – 12　坯布预裁图**

### （三）操作过程

双开身平驳领西服立体造型的操作过程可归纳为以下二十个步骤。

（1）人台准备。在肩头使用厚约 1cm 的垫肩，肩头略向外探出 1cm。考虑到面料厚度，将人台前中心线向止口方向平移约 1cm 做平行线，为布料厚度量。搭门宽 7cm。双排扣的扣位以中心线为对称轴，对称而成。确定领座宽，领的翻折线从后中心线开始，与翻折止点连顺，贴出领和驳头的造型线。根据款式在人台侧面贴出横向分割线的基准线。

（2）将前衣片的前中心线与人台上移动后的前中心线相重合，胸围线与人台胸围线重合，用大头针在 BP 点附近将衣片水平固定。在前颈点上方开剪，沿领围线向侧颈点清理领围，打剪口使领口服帖，在侧颈点固定。从胸围线向肩部方向使布片自然平服，在肩端点固定，余量倒向侧面。在胸围线处水平地放入松量，确认好竖向省道位置后用大头针简单固定。

（3）将侧面余量暂时收至肩上，确定胸省的方向和位置，从侧缝沿横向省道方向剪开。注意侧面的横向分割线开剪位置要高于人台上腰节线的标志线约 1.5cm 缝份量，保证臀围处加放松量。由于各省道与衣片移动的关系紧密，因此在开剪之前要认真确定省道的位置与大小。

（4）放下衣片侧面的余量，使布片向下向前倾斜，将余量转入到打开的胸腰部省道中，用折合法别合上部省量，横向省道先用重叠法临时固定。

（5）人台的后中心线和肩宽线与后片吻合，用大头针固定。从背宽线向上至侧颈点，向下至腰部整理后片。在后颈点中心打开剪口向侧颈点整理领围线，后中心线在后腰中心点处偏移，作为后背中心线收入的省量。在背宽处加入松量，向上轻推，将肩胛骨上部的余量分散为后领围的松量和肩缝部分的缩缝量。抓合前后肩，合理分配缩缝量。捏出后侧面的省道，确定分割线的位置。

（6）保证背宽处和臀部的松量，贴出后侧面的分割线，剪去余布（图 7-3-13）。

（7）在前片的侧面加入衣身的松量，与后片水平对应重合，用重叠法别合后侧分割线。因前片在剪开并收省后，侧面的衣片部分纱向发生了变化，因此不能根据胸围线、腰围线等确认对应位置，要认真观察并仔细确认胸部、腰部和臀部的整体平衡感和腰型，是否形成面的转折并且确定没有变形。修剪分割线、肩缝与袖窿处的余布。

（8）将调整好造型的衣身点影，拆下进行板型整理，修剪缝份。

（9）衣身用折合法重新别合成型。

（10）将兜盖整理成型，按款式要求别合在横向分割线处，前端探出 4cm。装上布手臂。贴出上袖点和袖窿底点。

（11）两片袖用平面制图，裁出毛份板。

（12）别合并整熨袖身。

（13）用藏针法上袖，袖山高点向后移1cm以保证袖的方向性。操作方法见"衬衫上袖"。

（14）在翻折线止口处打上剪口，沿人台基准线翻折，贴出驳头的造型。平行于翻折线贴出领围线并连顺（图7-3-14）。

（15）领的后中心线与衣身后中心线垂直对准，用大头针固定。从后中心线开始2~2.5cm沿水平方向固定，留1cm缝份，剪去余布。领片转向前身，一边打剪口，一边用大头针固定，一直到侧颈点。固定时要向上适当提拉领片，保证与颈部的空间量。

图7-3-13 步骤六　　　　图7-3-14 步骤十四

（16）在后中心线的位置，确定并整理后领座，领面较领座要宽1~1.5cm。将领向前绕，观察领与肩部的关系及颈部与领的空间量，在领外侧的缝份上打剪口，整理领面形状。与人台上标注的驳头翻折线对应后用大头针固定。

（17）将翻领翻起，沿侧颈点向前领处用大头针固定。取下翻领部分修整板型，拷贝整个领型（图7-3-15）。

（18）确定领面形状，贴出净份线。画点影线、对合记号（图7-3-16）。

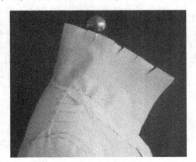

图7-3-15 步骤十七　　　　图7-3-16 步骤十八

（19）取下衣身和袖子，去掉大头针，对衣片进行修板，划出扣位、兜口位（图 7 - 3 - 17）。

（20）将修正好的布样缝制成型（图 7 - 3 - 18）。

图 7 - 3 - 17　步骤十九

图 7 - 3 - 18　步骤二十

# 第四节　大衣、风衣的立体造型

在本章中，除了以上三节内容以外，还有一部分内容需要我们进行重点探讨，即大衣、风衣的立体造型。

## 一、连领大衣

### （一）款式

连领大衣采用一片式装袖，前后衣身设有公主线，腰部微收，底摆摆度略宽的造型。领部特征是后为立领，前为翻折领，具有两用领功能，双排对合暗扣，兜口设在前公主线上，有腰带作装饰。实际应用中可选用较厚重的毛呢类面料制作，如图 7 - 4 - 1 所示。

### （二）坯布准备

连领大衣这种款式的坯布准备过程，如图 7 - 4 - 2 所示。

图 7 - 4 - 1　连领大衣款式

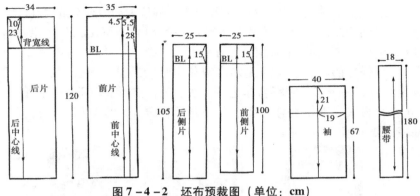

图 7 - 4 - 2　坯布预裁图（单位：cm）

## （三）操作过程

连领大衣立体造型的操作过程可归纳为以下十七个步骤。

（1）为了操作方便可在肩部放上 0.8 ~ 1.0cm 厚的垫肩，作为肩部的放松量。重新贴出肩线和袖窿线。前中心线向外 0.5 ~ 0.8cm 设定出实际面料厚度量，平行地贴出基准线，由此量取搭门宽线进行标定。贴出衣身分割线。

（2）将前衣片中心线和胸围线与人台前中心线和胸围基准线对齐，在前颈点下方和 BP 点处固定，保持前中心线垂直于地面。领窝处留有足够的松量，前中心线处开剪至领宽上方。保持水平方向，在胸宽处加入一定松量。整理出前、侧的立体型。

（3）根据人台上的基准线用粘带贴出前片公主线，注意下摆的摆度（图 7 - 4 - 3）。

（4）将前侧片胸围线与人台胸围线、前片胸围线对准，中心线与人台侧面基准线对齐，垂直于地面，固定胸围、臀围和腰围处，同时留出需要的松量。

（5）根据前片上贴好的标志线确定前侧片的分割线，用重叠针法沿分割线别合两衣片，剪去多余的布。

（6）整理袖窿和肩缝，留出一定松量，剪去余布。沿侧缝粗裁。

（7）对准后片和人台的中心线与背宽线，固定背宽处。顺人台后背向下抚平衣片，在腰围线处打剪口以使衣片服帖。后中心线在腰围处稍有倾斜，产生的量作为后腰处的省量处理。

（8）在背宽处加入需要的松量，贴出分割线。后领窝和袖窿处留适当松量，在颈侧点处留一定空间，抓合出肩线。

（9）剪掉多余的量，观察前后领型，进行调整，必要时在侧颈点处可打剪口。注意此款由于是连领，颈部和肩部的空间量较大，要仔细操作，在保证空间的同时，整体造型的饱满圆顺和分割线的位置和形态也是重点。

（10）同前侧片，将后侧片与人台和后片对合，留出松量，沿后片贴出的标志线确定分割线并别合，剪去余布。

（11）保持前、后衣身的立体造型和应有的松量，抓合侧缝，留有一定调整量后剪去余布。观察整体造型，然后进行点影，取下修正板型。

（12）将衣片重新别合，装上布手臂后确定并贴出袖窿线。注意大衣的袖窿底要下落（图7-4-4）。

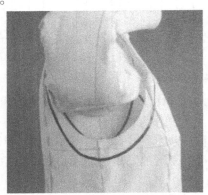

图7-4-3　步骤三　　　　　图7-4-4　步骤十二

（13）根据袖窿线尺寸在平面上制成有纵向肘省的一片袖板。将袖片用折合法别合，整理成型（图7-4-5）。

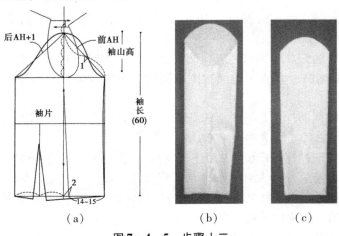

（a）　　　　　（b）　　　　　（c）

图7-4-5　步骤十三

（14）抬起布手臂，将袖底与袖窿底位置固定。然后将布手臂放入袖筒中，确定上袖点，用藏针法别合袖身与衣身。

（15）观察上好的袖子造型，与衣身是否协调，进行调整。

（16）取下衣片进行修正、复片（图7-4-6）。

（17）将修正好的布样缝制成型，如图7-4-7所示。

图7-4-6　步骤十六　　　　图7-4-7　步骤十七

## 二、插肩袖风衣

### （一）款式

插肩袖风衣具有军装特点，插肩袖、双排扣、斜插兜，领部由翻折领和驳头组成，前覆片为不对称设计，后片有开衩，细节包括肩章、袖袢、腰带设计等（图7-4-8）。

图7-4-8　插肩袖风衣款式

### （二）坯布准备

插肩袖风衣这种款式的坯布准备过程，如图7-4-9所示。

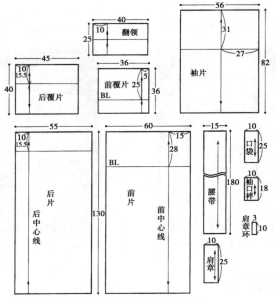

图 7 - 4 - 9　坯布预裁图（单位：cm）

## （三）操作过程

插肩袖风衣立体造型的操作过程可归纳为以下二十三个步骤。

（1）配合插肩袖肩部的造型，人台肩部的垫肩设计成包肩型，肩端点向外移大约 1.5cm。沿人台前中心线做 1cm 宽平行线，作为面料厚度量。贴出前门襟线、驳领的翻折线和翻领的翻折宽度，沿领围贴出领围线。

（2）前片的中心线及胸围线与人台的基准线重合，确认中心线垂直于地面，固定。在领口前中心打上剪口，领围处放入松量，在侧颈点附近暂时固定。保持胸围线水平，整理肩部到胸部的衣片，将胸围线上方的余量转换为肩省。在胸宽处加入足够的松量。

（3）确定肩省的位置和方向并别合，沿领围线将余布剪去，打剪口使领围服帖。整理肩部和袖窿，剪去余布。在驳头的翻折止点处打横剪口，从前端翻折，贴出翻折线。整理衣身，形成下摆稍宽的立体型（图 7 - 4 - 10）。

（4）将后片的中心线和背宽线与人台的基准线对准，确认后中心线垂直于地面，固定背宽线处。在领围处放入适当松量，剪去余布，打剪口整理。在背宽处加入需要的松量，同前片，做出下摆稍宽的梯形轮廓。背宽线以上的余量向上推至肩缝处，均匀分散于后肩缝线上吃入。用抓合法别合肩缝，剪去肩缝处和袖窿的余布。

（5）侧面观察衣身的造型，确定后抓合侧缝线并剪去余布，保持侧缝线的垂直（图 7 - 4 - 11）。

图 7 - 4 - 10　步骤三　　　图 7 - 4 - 11　步骤五

（6）将侧缝用折合法重新别合，肩缝处可以使用重叠针法，以避免过厚而影响袖的操作。用粘带贴出领围线、插肩袖线和肩宽线。

（7）将前覆片放在人台上，观察整体效果，在上部放入松量。用大头针沿插肩袖分割线别合，贴出前覆片的轮廓线。

（8）将后覆片覆在后片上，中心线对准后片中心线，由于肩胛骨凸起产生的余量向下形成立体造型。用重叠针法别合插肩袖分割线。观察整体效果，确定后覆片的长度。

（9）从侧面观察前后覆片的造型，衣身与覆片在袖窿线处要吻合，前后覆片侧缝部分用重叠法固定。连顺其下缘线。

（10）为了便于操作袖子，在前后覆片上再次贴出插肩袖线。装上布手臂，准备上袖。

（11）让手臂抬起约30°，略向前倾。将袖片上的横向基准线与衣身上的胸围线对准，袖中心线与手臂中心线对准，在肩端点及袖口处用大头针固定。根据预计的袖宽理出袖型，平行留出前后袖宽的松量（前约1.5cm，后约2cm），在前后肩处自然消失。

（12）将袖片的肩部上提，整理插肩袖线上部，袖片的前肩和后肩部分出现的余量作为肩缝省量收进。用重叠针法别合前后插肩袖窿线上段，在这里需要注意的是，前后袖片臂根处的松量要适度。整理领围，保留一定调整量，沿已别合的插肩袖线剪开至前后腋点附近，将余下的布片转至腋下（图 7 - 4 - 12）。

（13）观察袖型，抓合法别合肩部余量，前肩部收入的量较多。注意肩线的位置和方向，肩端消失自然。保持袖宽和松量，找到腋下拼合点。

（14）拉起袖身，确定袖长和袖口宽度。

（15）取下袖片，修正板型，连顺袖缝线，用折合针法别好袖身并整理肩部和袖缝。

（16）将衣身的袖窿底与袖底重合，侧缝与袖内侧缝对准，确认方向后，从内侧用大头针固定（图7-4-13）。

图7-4-12　步骤十二　　　　图7-4-13　步骤十三

（17）将布手臂穿入袖身，使袖的肩部覆在人台肩部，肩缝线重合。固定侧颈点，观察前后袖型，用折合针法沿插肩袖分割线别合袖和衣身。观察前、后和侧面的袖型。

（18）将翻领布与衣片后中心线对齐，装领线与领围线重合，水平别合约2.5cm。用手提拉布片，掌握与颈部的空间，将领片转向前面，一边开剪整理缝份，一边用针固定。

（19）确定翻领宽，在后中心线处固定。沿颈部向前找出领的造型，在缝份处打剪口使领自然服帖。

（20）观察领座和翻领的造型，翻折线是否美观，颈部与领的空间是否合理。确认后用粘带贴出翻领的造型线。

（21）沿驳领翻折线将驳领部分翻折过来，贴出驳领造型。确认领的整体效果，留1cm缝份，剪去余布（图7-4-14）。

（22）将衣身取下修正板型，复片（图7-4-15）。

图7-4-14　步骤二十一　　　　图7-4-15　步骤二十二

（23）衣身板型将衣片重新别合，确定扣位、兜牌的位置及倾斜角度。放上肩章和袖袢。风衣完成图如图 7 - 4 - 16 所示。

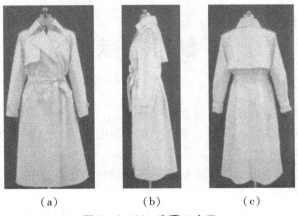

(a)　　　　　　(b)　　　　　　(c)

图 7 - 4 - 16　步骤二十三

# 参考文献

［1］陈鹏．茶服设计课程教学探讨［J］．福建茶叶，2016（09）．

［2］陈鹏，张涛．基于云平台的新型服装加工订单交易模式［J］．轻纺工业与技术，2016（03）．

［3］陈鹏．基于云计算的服装工艺设计智能化信息平台［J］．轻工科技，2015（08）．

［4］陈鹏．服装生产技术一体化仿真实训教学过程研究［J］．辽宁丝绸，2015（03）．

［5］陈耕，陈鹏．高校服装设计一体化教学模式的构建［J］．湖南师范大学教育科学学报，2009（05）．

［6］赖雨婷．条纹装饰与视错在服装设计中的应用研究［D］．北京：北京服装学院，2017.

［7］王思宇．立体主义在服装结构设计中的应用研究［D］．沈阳：沈阳师范大学，2016.

［8］欧阳心力，陈鹏，朱建军．服装产品开发模拟仿真实训［M］．北京：高等教育出版社，2011.

［9］侯家华．服装设计基础［M］．北京：化学工业出版社，2014.

［10］刘元风，胡月．服装艺术设计［M］．北京：中国纺织出版社，2006.

［11］刘晓刚，徐玥．时装设计艺术［M］．上海：东华大学出版社，2005.

［12］於琳，张杏等．服装立体裁剪［M］．上海：东华大学出版社，2014.

［13］白琴芳．成衣立体裁剪教程［M］．北京：中国传媒大学出版社，2011.

［14］徐亚平，吴敬等．服装设计基础［M］．上海：上海文化出版社，2014.

［15］杨永庆，张岸芳．服装设计［M］．北京：中国轻工业出版社，2006.

［16］杨静．服装材料学［M］．北京：高等教育出版社，2006．

［17］邓鹏举，王雪菲等．服装立体裁剪［M］．北京：化学工业出版社，2011．

［18］张文斌，张宏等．服装立体裁剪［M］．北京：中国纺织出版社，2002．

［19］王善钰．服装立体裁剪技法大全［M］．上海：上海文化出版社，2003．

［20］王旭，赵憬．服装立体造型设计［M］．北京：中国纺织出版社，2003．

［21］谢琴．服装材料设计与应用［M］．北京：中国纺织出版社，2015．

［22］孙晋良，吕伟员．纤维新材料［M］．上海：上海大学出版社，2007．

［23］耿琴玉，张曙光．纺织纤维与产品［M］．苏州：苏州大学出版社，2007．

［24］朱远胜．面料与服装设计［M］．北京：中国纺织出版社，2008．

［25］张文斌．服装立体裁剪（第2版）［M］．北京：中国纺织出版社，2012．

［26］孙世圃．装饰图案设计（第4版）［M］．北京：中国纺织出版社，2000．

［27］阿黛尔．时尚设计元素：面料与服装设计［M］．北京：中国纺织出版社，2010．

［28］朱远胜．服装材料应用［M］．上海：东华大学出版社，2006．

［29］朱松文．服装材料学［M］．北京：中国纺织出版社，2004．

［30］尤佳．意大利立体裁剪［M］．北京：中国纺织出版社，2006．